失落的
百年致富宝典

［美］华莱士·沃特尔斯 ［美］乔治·克拉森◎著

焦海利◎译

 中国致公出版社·北京

图书在版编目 (CIP) 数据

失落的百年致富宝典 /（美）华莱士·沃特尔斯，
（美）乔治·克拉森著；焦海利译 . -- 北京 : 中国致公
出版社 , 2024.6（2024.8 重印）

ISBN 978-7-5145-2213-6

Ⅰ . ①失… Ⅱ . ①华… ②乔… ③焦… Ⅲ . ①成功心
理 - 通俗读物 Ⅳ . ① B848.4-49

中国国家版本馆 CIP 数据核字 (2023) 第 244893 号

失落的百年致富宝典 /（美）华莱士·沃特尔斯，（美）乔治·克拉森著　焦海利 译
SHILUO DE BAINIAN ZHIFU BAODIAN

出　　版	中国致公出版社
	（北京市朝阳区八里庄西里 100 号住邦 2000 大厦 1 号楼西区 21 层）
发　　行	中国致公出版社（010-66121708）
责任编辑	王福振
责任校对	魏志军
责任印制	宋洪博
印　　刷	三河市天润建兴印务有限公司
版　　次	2024 年 6 月第 1 版
印　　次	2024 年 8 月第 3 次印刷
开　　本	710 mm×1000 mm　1/16
印　　张	13
字　　数	129 千字
书　　号	ISBN 978-7-5145-2213-6
定　　价	49.80 元

在打开本书之前，我们先关注一下下面几个问题：

1. 致富是每个人都有的权利；

2. 致富与个人身处的环境无直接关系；

3. 致富与个人的天赋无直接关系；

4. 致富与节俭与否无直接关系；

5. 致富与是否拥有足够的资本没有太大关系。

那么致富究竟与什么有关呢？

这本书给出了答案：成功源于信念与自信！换句话就是你关注了财富，财富就会离你越来越近；只要相信自己，财富就会被你吸引。

2007 年，美国 Prime Time 公司隆重推出一部风靡全球的纪录片——《秘密》。该片堪称成功学、财富学和人生指导的经典之作，启发了人们的意念与思维。

本书明确告诉我们，获得财富需要满足以下几个要点：

第一，要懂得量入而出；

第二，要懂得向有经验和有才华的人学习；

第三，要懂得怎样让财富为自己服务，懂得怎样投资，怎样让财富增值。

通过阅读，你会看到自己的不足，并找到通往财富之路的钥匙。

作者在书中强调：要描绘和制定自己的致富愿景，还要让愿景更明确、更清晰……直到一想起它就会感到兴奋，并积极付诸行动。不断憧憬这个愿景，财富就会一步步靠近。

需要明确的是，财富是通过自己的努力而获得的。每个人都有与生俱来的致富能力、条件和机遇。面对财富，我们不能妄自菲薄，不能怯懦不前，也不要抱怨社会，计较得失。要拥抱阳光，直面挑战，勤于思考，心怀感恩，这样，我们才能创造和发掘并拥有财富。

让我们共同努力，一起感恩，一起向前，一起奋进吧！

记住：你越接近财富，财富就越会接近你。

目　录
CATALOGUE

第一篇
失落的百年致富宝典

第二篇
巴比伦首富的致富秘诀

第一篇

失落的百年致富宝典

第一章　别怀疑，你应该是个富翁

致富属于一门科学

致富是一门所有人都可以通过学习掌握的知识。

所有财富都有自身严谨的逻辑与独特的规律，学者将其总结为"特定的致富方式"。可以说，有些人还没富裕起来并非他们缺少致富的才能与天赋，也不是因为他们的运气不好，而是他们未能透彻地理解"特定的致富方式"，故而不能高效地运用它。

每个人都希望自己富有，过上富足的生活。但是，在财富被人们钟爱的同时，更多的却是一种对财富的敬畏心理，觉得那是一种奢望，不敢奢求；觉得它离自己很远，不敢追求，不敢拥有。

平凡人难道真的与财富无缘吗？答案是否定的！

世上万物，包括资源、财富都属于大众，每个人获得财富的机会都是均等的，关键在于你如何正确地得到。致富并非单纯地靠运气，因为这不是投机。事实上，致富是所有人都可以掌握的知识。

致富与常规的算术、代数学科有共性的一面，但也有自己特定的法则和规律。当人们具备了如何运用这些规律、法则的能力时，就能实现自己的财富之梦。

致富是讲究"特定的致富方式"的。

调查发现：依照致富的方式行事，无论有意还是无意，成为富有之人的概率都会大大增加；反之，违反致富方式行事，无论如何努力，付出多少艰辛，却还是停滞不前，无法摆脱贫穷。

依照自然法则我们可得出一个浅显易懂的道理——"种瓜得瓜，种豆得豆"。所以，尚未得到财富的人必定是某个环节出了问题，或者努力的方向不对，或做事的方式、方法不对，导致付出的辛劳没有收获，甚至形成恶性循环。

因此，在致富路上，我们要反思自己的行为与行事方式。为了让更多的人透彻地理解致富这门学问，也为了让更多的人具备如何运用"特定的致富方式"的能力，我们有必要对以下几点予以说明。

第一，致富与个人所处的环境无直接关系。

在致富过程中，有些人一方面会因为自己拥有良好的致富环境而自豪，另一方面却又将自己无法致富的原因归咎为缺少合适的平台。假设环境真的可以直接决定致富结果，那么我们就可以看到这样一些画面：生活在同一区域的人都是富人，或都是穷人。这就应了"致富平台"的说法，即同城皆富或是同城皆贫。事实并非如此，有的国家已经非常发达，但在其各个城市中有富也有穷。即使在同一个富裕的城市，从事相同行业的人，他们彼此间也同样存在着很大的贫富差距。

这说明，环境的好坏并非直接决定致富的因素。准确地说，环境只会对致富产生一定的影响。

第二，致富与个人的天赋无直接关系。

大多数人在致富问题上都有一个误区，认为发财致富与人的天赋有关。事实上，任何一个拥有正常智商的人都可能成为下一个富裕的人。

只要留意，我们就不难发现身边有众多的致富例子：学富五车之人可以致富，才疏学浅之人也可赚到可观的财富；天资聪颖的人可以获取财富，木讷老实之人也可发财；体格健壮的人可以致富，体格羸弱之人也可有所收获。但是，这些都需要有一个特定的条件，即需要具备基本的学习能力、思考能力和判断能力。

我们从对富人的调查中发现：很多所谓的富人其实与普通人没什么区别，他们的智商并不比普通人高，甚至部分富人的资质十分一般。那么他们为什么会那么富有？原因在于他们懂得如何打开属于自己的财富之门，懂得如何创造惊人的成就。这说明，财富与所有人都有关。

财富对所有人都是公平的，致富法则也是向所有人敞开的。致富是每个人都力所能及的事，只要用心学习，任何人都可以轻松地掌握并具备运用它的能力，最终不断积聚属于自己的财富。

第三，致富与节俭无直接关系。

勤俭是中华民族的传统美德，也被人们视为致富的因素之一。此论不无道理。勤俭有许多益处，但它与能否过上富裕的生活、拥有众多的财富其实并没有直接的关联。

"开源节流"这个词大家都知道，从字面意思上分析，我们可以理解为开源在先节流在后。但如果一味地节流而不开源，那么，即使有再多的财富也会有耗尽的那一天，所以，"开源"才是确保财富增值的关键。

在现实中，我们不难看到许多节俭的人却过着贫困的生活，这说明一味地节俭并不能让我们富有。因此，要改变自己的现状，就要依托致富规律，按照"特定的致富方式"实现致富。

第四，不要曲解致富的含意，致富并非要做别人无法做到的事。

凡事都有因果。致富有其玄机，贫穷也有其孽缘。当因果违背了致富规律，一切努力将毫无意义。有许多鲜活的例子，同样的人，处在相同的环境下，从事与别人相同的职业，却比别人获得了更大的财富。道理显而易见，并非"你无我有"才能致富。

从以上四个观点中不难看出：致富需要按照"特定的致富方式"行事，由此也证明了致富是一门值得学习的知识，它蕴含着严谨的逻辑与规律。

需要补充的是，我们仅从宏观的角度否定了环境对致富的直接影响，但从微观的角度上讲，环境对致富是有一定帮助的。例如，与北极格陵兰岛的冰激凌店相比，高温地区的冰激凌店更容易赚到钱。同理，做大马哈鱼生意，在美国西北部比在佛罗里达更容易成功，原因是美国只有西北部沿海地区才盛产大马哈鱼。

还有，虽然说致富与行业、职业没有绝对关联，但如果从事的职业是自己非常喜欢的，致富就相对容易；如果从事的工作是自己擅长的，效率自然也会更高。

总之，如果我们善于利用环境、特长、爱好、人脉、行业趋势等有利条件，创造天时地利人和，成功会更容易。

第五，致富与拥有足够的资金无太大关系。

对真正的富人来讲，资金不足是不会对他们产生直接影响的。当然，拥有充足的资金可以让致富之路更加顺畅、更加便捷。有些富人也曾因资金短缺烦恼过，但他们并未因资金短缺停滞不前。他们会运用"特定的致富方式"处理这一问题。换言之，懂得并运用"特定的致富方式"后，也就开启了财富之门，自然就不会出现资金短缺的问题。

以上几个因素虽然会不同程度地对致富产生影响，但对致富来讲并非决定性的因素。致富的决定性因素是：我们是否遵循了致富规律，是否运用了"特定的致富方式"。

因此，我们要有坚定的信念：只要懂得使用"特定的致富方式"，就一定能够开启致富之门，改变自己的命运。

生而悦己，而非困于他人

致富的机遇离你多远

看到身边富有的人越来越多，尚未富裕的人会非常郁闷：财富的蛋糕是不是已快被富人们瓜分完了？他们是否已垄断了绝大部分的致富行业？自己是不是没有成为富人的机会了？我的勤奋、我的努力还有价值吗？一连串的质疑动摇了他们的致富信念，久而久之，有些人不再坚定了，失去了努力的动力。

事实上，"致富的机遇"是取之不尽、用之不竭的。

在财富面前，每个人的机遇都是均等的。世上的财富不可能只被少数富人所垄断，也并非富人给穷人设置了致富障碍。很多时候，穷人们可能会被某些行业拒之门外，但会有另一扇财富之门为他们打开，因为财富与机遇无处不在。

例如，铁路运输业已被视为垄断行业，如果还想在铁路运输行业上获取财富，难度就会很大。但是，如果将目光转向新的交通运输行业，即电气化运输领域，那么致富的机遇就会多些，致富也会相对容易。因为该领域属于朝阳产业，有望成为可持续发展中的主流，蕴含的致富机遇更多。

再例如，航空运输业也在随着社会的进步不断发展壮大，涉及的行业和相关附属产业也较多，这些产业也同样蕴藏着无限的商机与致富机遇。

同理，如果你现在是钢铁托拉斯企业中的普通职员，那么职位的局限性会导致你很难在此行业中有大的作为。如果从"特定的致富方式"角度出发，转换思路，很快，你就会发现新的赛道，如：转行农业，购买土地经营农业生产及食品加工，经过科学经营和不懈努力，必然也会获得财富。这就是对"在关闭了一扇致富之门的同时会有新的致富之门向你开启"的最好诠释。

可能有人会持不同意见，质疑如何可以顺利地购买到土地。但不尝试怎么知道做不到？事在人为，只要你懂得遵循"特定的致富方式"，你就能获得想要的东西。

无论社会如何发展，无论我们的生活如何变迁，不同的历史时期注定蕴含着不同的发展机遇。致富的机遇是给有信念的人准备的，是给与时俱进的人准备的，而懒惰、胆怯、愚蠢的人必然会被淘汰，无缘财富。

需要强调的是，致富法则具有通用性和适用性，适合所有人。我们只要掌握了运用"特定的致富方式"的能力，就可以争取到自己的财富和幸福。所以，我们应该有自己的财富梦想，不应受现状的局限，被惯性思维、习惯和处事方式所束缚。要懂得思维方式的与时俱进，要具有敏锐的洞察力，勇于创新，将自己的致富潜能最大限度地发挥出来。

财富的供给来自"自然能量"。自然能量是取之不尽，用之不竭的。虽然人类可拥有的资源已经非常丰富，而尚未被发现和未被发掘出的资源更是无穷无尽。

自然能量具有生命力和创造力。在自然能量的作用下，会衍生出多样化的生命，自然能量可以赋形于万事万物，并向人类展现他的博大与富有。他对于人类、对于大自然的给予是无私的，只要人类对其合理利用，它从不会拒绝，更不会枯竭。

所以，穷人不应再以自然贫乏为借口。自然界可以满足人类所有合理的诉求，并持久地供养人类，同时还会产生新的能源。当土地资源不足、无法满足人类正常的生存需求时，自然能量会对人类产生刺激，激发人类对资源进行变相扩张，提升土地的利用率，从而获得更多的土地资源，或开发新能源以满足人类的需求。

人类是地球上生命力非常顽强的物种，所以，人类会越来越富有，越来越强大。人类在发展的过程中会不可避免地出现某些个体受穷的情况，究其原因，依然是他们未能依照"特定的致富方式"行事。

偶尔也要感谢自己，走了那么多艰难的路

致富的硬核原则——学会致富性思考

　　自然能量永不停息地衍生着世间万物，包括人类拥有的财富（已获得的和尚未获得的）。自然能量在遵循其特定的规律下运动，会产生新的物质。换言之，宇宙运动规律的改变，会导致物质的变化。人类的发展处于宇宙运动规律中，是宇宙运动规律的某一方面体现。

　　例如，地球上有橡树，而橡树有其特定的生长规律，明显不同于其他树种。当自然能量作用于橡树时，橡树就会生长、发芽、开花、结果。在此过程中，橡树需要按照自然能量的作用和运行规律开启生命之门，经历几十年甚至上百年的生长，长成一棵参天大树。

　　同理，宇宙的形成同样需要遵循能量运行的既定规律。假设宇宙中有部分能量以相同的规律运行，宇宙中的部分天体就会相同。这些天体会随宇宙运行规律的变化进行相应运动。于是，就构成了银河系和太阳系或其他星系。宇宙万物形成的原理与其不断地运行有关。

　　在这个过程中，人类的主观意识会与自然能量的运行轨迹产生直接关联，促进自然能量的不断丰富和生命力的不断繁衍。

人类的思想力对运用自然能量创造财富至关重要，甚至是自然能量创造财富的动力来源。当自然能量拥有思想的翅膀时，自然能量的内在能力才能得以发挥，达到最大效能。

人类属于万物的灵长。人类思维被视为世界上最美的花，人类在拥有大脑的同时拥有了智慧并通过劳动改变了世界。人类拥有思想，就会在外界的影响下萌生出各种各样的想法，并形成相应的思维方式。因此，许多想法都是在人类的思考过程中形成再借助自然界多样化的资源和能量创造出来的。这体现出了人类思想对自然能量的运行产生影响的过程。当然，只有正向的影响才有助于人类创造更多的财富，过上富裕的生活。

所以，人类获得更多物质财富的前提是拥有丰富且正向的思维。人类可以借助自然能量造福人类，当人类的思维与自然能量的运行规律一致且可以使该思想的影响力实现效能最大化时，人类就因此而形成了合理利用自然资源的能力，从而获得了自己想要的财富。

这个过程中要注意三点：

第一，认同世间万物源自无形自然能量的理论，理解自然能量按不同的规律运行后会表现为不同事物、不同运动过程的理念。

第二，人类的思维与活动方式会直接影响自然能量的运行结果。人类具备与自然能量合作的可能，并能共同创造出无限的物质财富。

第三，人的思维至关重要。只有人类具有无限思维，才会具备无限丰富的创造力。人类只有集中思想，才会有强烈而坚定的信念，才能对自然能量产生长远的影响。

虽然自然能量与人类创造力存在密切关联，两者可共同创造财富，但在共同创造财富之前，需要有特定的前提，即人类要与自然能量达成一致，特别是人类的思想必须保持正确，能够完全与自然能量的运行规律保持一致。换言之，就是要严格遵照"特定的致富方式"展开思考和行动。

"天上掉馅饼""不劳而获"的想法是不切实际的幻想，有悖于自然能量的运行规律。这种幻想之所以存在，是因为提出者没有严格依照"特定的致富方式"展开思考，所以自然能量不可能为这种不切实际的幻想提供任何帮助。

那么到底什么是正确的思想呢？又该如何获得呢？获得正确思想的前提是思考真理，展开深度探讨，切实对事物的本质展开探索。

人类具备思考的能力。遗憾的是，并非所有的人都会思考，都能实现深度思考。多数人的思考仅停留于表层，即表象思考，只有那些展开深度思考的人，才能认识到事物的本质。表层的思考，过程非常容易，但要透过表象看事物的本质却是艰难的，这个过程需要付出常人难以想象的努力。

持续性地深度思考并非易事，很多人都会望而却步，特别是当事物的表象与其真相密切关联且高度相似时。挖掘真相较为困难。世上所有的表象都会给人类留下对应的画面，我们很难确定这个画面就是事物的本来面貌。

要想避免此类问题，就要坚持不懈地展开深度思考，不断探寻事物的本质。比如，当我们看到贫困的表象时，大脑中便会出现贫穷的画面，我们认可这个结果：世上存在贫穷。但贫穷真的就要伴随有此想法的人的一生吗？反之，当我们进行深度思考、从事物的本质出发时，就会坚信贫穷不应该出现，那么，我们的认知就会不同：人类不应有贫富之分。

拥有富有信念的人越多，富裕与和谐便会充满世界。要坚信，人类是可以改变自己的处境的，是能够将自己的命运掌握在自己的手中的。这也是致富的首要法则，我们只有认识到并坚信这个真理，在困难时才会所向披靡，无所畏惧。

只有频率相同的人，才能理解你的山河万里

让你的生命更加完美

很多人之所以与财富无缘，是因为他们常常有一种非常危险的想法，即认为人所遭受的贫困是上天的旨意，是命运的安排，甚至认为人只有历经了贫困和苦难后，才可能成就更好的自己。这个想法显然是错误的。大自然是仁慈的，是值得敬仰的。它不可能置民众于苦难而不顾，更不会让贫困之人在困顿中不断消耗生命。

自然的能量足以孕育万物，同时它又根植于万物之中。万物属于自然能量的载体，其中就包括我们的身心。自然界中的生命和智慧可以折射出巨大的能量，可以赋予万物不断探求生命的生生不息的力量并努力实现其最大效能。这是自然的抉择，更是千万生命得以延续、持续发展的关键。

一粒种子在土壤中生根、发芽，形成丰富茁壮的新生命体，成熟后，又孕育出了更多的全新的种子。种子以这种方式繁衍，使其种群得以延续。

人类智慧也同样遵循这样的规律。所有思想的形成就像一粒粒种子衍生出了多样化的新思维。这样，我们的思想就会越来越丰富，同时也不断发展和拓宽。我们运用创造性思维发现了事物的真相，新的发现又帮助我们持续获取更多的真相，从而不断丰富我们的知识，不断改变我们的命运，让生活越来越充实，最终赢得了生命的丰盈。

如果我们想获得更多的东西，那就必须学会创造财富！

人类对财富的渴望是无止境的，这是对更加完美人生的渴望。人类希望通过追求财富的方式获取更高品质的生活，我们要把这种渴望转化为一份努力并将其转化为现实。

每个人都拥有无穷的力量，这与自然界中万物生长的力量相同。当我们对其有了深刻的认知后，就会将对财富的渴望激发出来，这是生命永远追求更大、更充分，实现自我、表达自我的方式。同样，自然能量也遵循了此法则，蕴含了对美好生命的"渴望"。所以，自然能量同样会不断创造，最终形成更加丰富的物质世界。

当人类的意识需要不断追求生命价值最大化时，人类就会与自然能量达成共识，同时也与大自然的规律形成一致，人类就能实现与自然力量的共存。此时，大自然也会被人类不懈追求幸福的精神所感动，幻化成人类合理需求的物质，这也就是自然能满足世上一切合理需求的原因。

人的思维与意识拥有强大的影响力，创造财富可以让人类自由自在地享受美好：饥饿时，会有充盈的食物；干渴时，会有无穷的甘泉；劳累时，会有游玩休闲的机会。除此之外，还能拥有更多更高级的享受，可以自由自在地驰骋于广阔天地，将自己的才华展现出来，在获得精神满足的同时，提升自己的思想境界，实现良知与真理的永存。这就是人类长期向往的完美生活。

值得一提的是，当我们的生活已经富裕，同时又具备"给予"他人力量时，切记帮助他人不要建立在牺牲自我的基础上。凡事有度，对于尺度的把握至关重要。所以，牺牲自我帮助他人并非善举，而是对自己、对家人的极不负责，更是一种目光短浅的行为。需要明白，极端的无私与极度的自私相比，并没有高尚可言，因为两者之间存在相同点，即可能造成生命的缺憾。

这种牺牲自我的思想是极度愚蠢的，我们对自己和他人都需要负责。正确的做法是：不断发展自己、强大自己，最大限度地将自我的人生价值、社会价值发挥出来。只有不断地强大，才能有更大的能力帮助他人并对周围的人产生正向影响。

我们最应该做的事是最大限度地发展自己，不断积累财富、提升生活的物质保障。致富的准则是不断创造。自然能量之所以这样丰盈，与其不断运行有直接关联，并在此过程中促使万事万物更加美好。无论是智慧的宇宙，还是富有规律的自然界，都在支持、鼓励人们创造财富。

"创造财富"其实有迹可循，我们要透彻地理解它的含意，信心百倍地去追求。但要杜绝"竞夺财富"的意识。追求财富不是巧取豪夺、彼此伤害和行骗，不能对他人的财富持有贪念，不能将目光聚集在将他人的财富占为己有上。因为所有人都是自己财富的主人。

我们不能扮演竞夺者的角色，其实创造者的角色更加光鲜。当自己持"创造财富"的理念指导自己的思想和行动时，我们离自己想要的财富就越来越近了。同时，我们还可以帮助更多的身边人，引导他们一起走向富裕，推动人类社会的进步，让世界变得更加绚丽多姿。

有这样一些人，他们完全背离了"创造财富"的理念，通过竞夺获得了大量财富。但他们获得的财富是暂时的。因为这些以竞夺方式获取的财富，是他们有意无意地运用了自然能量的运行规律所导致的。不可否认，他们在一定程度上为人类的发展做出了贡献。比较具有代表性的就是在工业革命推动下的洛克菲勒、摩根等人，他们实现了工业生产的系统化，明显改善了我们的生活，成功获取了财富。但托拉斯们也要走到尽头了，即使他们在社会进步中做出过贡献——创建了大规模的工业生产。

　　竞夺方式下获取的财富，是无法真正实现人类共同富裕的。

　　什么是 "竞夺财富"？在"竞夺财富"过程中，财富就像一个球，众多人都在争夺。可能今天你拿到了这个球，拥有财富；而明天，你手中的球却到了他人手中，于是他成了财富的主人。这个过程，存在着太多的不确定性和不可靠性，这与人类想要拥有的真正意义上的富裕是相悖的。在财富竞争中，很多人会片面地认为：大部分财富已被他人掌握，剩余的财富也将被瓜分殆尽，要想获得财富就要尽快抢夺剩余的财富。这种认知是完全错误的。如果我们的思想被这种意识所束缚，那就将丧失宝贵的创造力，注定与财富无缘，所以我们要抵制这样的致富方式。

　　不要将目光局限在已有的财富上。面对财富，注意力要高度集中，因为财富可能会随时随地地向我们奔来，速度要比预想的快。要将注意力放在自然能量的运用上，没有人能通过垄断的方式阻止他人富裕起来。

　　自然能量浩瀚无垠，可以作用于所有空间并遵循其规律运行。只要人类能与这种自然的力量达成统一，就可以实现财富梦想。

人内心的温柔和细腻，只有对等的人才能解锁

第二章　是什么能让你成为富人

财富是被你吸引来的

在致富过程中，一些人急于赚钱，使用了欺诈、损害别人利益的手段，他们认为这种致富方式最快。事实并非如此，这些做法不但卑鄙还缺乏长远的致富眼光。有此想法的人将永远无法成为真正意义上的富人。

要摒弃这种想法并远离这种做法。人与人在建立合作关系之前，可以公开地商讨利润，甚至可以与客户讨价还价，这些都属于交易过程中的正常行为。但绝对不能为了眼前的利益，将双方的交易建立在欺诈的基础上，并试图在交易中谋取不义之财。

通常，常规的交易，双方所获取的利益是等值的，只有满足此条件才能达成合作意向。但是，在建立合作意向时，将更多的使用价值回报给对方会更容易形成长久的合作关系。举一个简单的例子：假如我们有一本书，它的价格是根据纸张、油墨和其他材料及人工等制作成本确定的，然后通过图书销售员的售卖，体现在了书的定价上。但是，从读者的角度来讲，书体现的价值是金钱所买不到的，因为书中的致富价值可以为千千万万的人带来财富。再例如，将一幅出自名家的绝世画作放在拍卖会上拍卖，价格或许不会低于千万美元，但是，如果将画作放在地球北端格陵兰附近偏远的巴芬湾地区售卖，因纽特人或许只会用一捆价值 50 美元的兽皮进行交换。因纽特人不但不会因为低价购买了画作而兴奋，反而会觉得你想欺骗他。在他们眼里，名家画作与废纸没什么区别，没有任何市场价值，不会对他们的生活带来任何改善和实质性的帮助。如果将交换物品换成价值 50 美元的猎枪，交易便有了可谈性。因为猎枪对于一个猎人来说是其谋生的工具，与他的生计有直接的关联。换言之，猎枪可以帮助他们改善生活质量，甚至可以帮助他们成为富有的人。

交易的目的是双方获得利润。为了能够建立稳定的客户源，利用自己的优势，让对方获得高于所付出价值的利润是可行的，这样可以吸引更多的客户，从而拓展自己的经营范围，获取更丰厚的利润。当创造财富的致富方式取代"竞夺财富"方式后，人们可以精准地判断自己的交易是否公平合理。反之，如果给予对方的使用价值远远低于对方支付的物品价值，交易就难以继续维持了。所以要谨记：生意场中永远不要试图占别人的便宜，更不要产生损害他人利益的想法。

企业是一本好书，可以成为员工致富的基石。企业除了为员工发放足额的薪资外，更重要的是为他们提供自我表现的机会，员工所有的努力都会成为推动企业不断进步的动力。在此过程中，随着企业的发展壮大，员工又产生了强大的工作动力与积极性，这无疑提升了企业的效益，从某种程度上也增加了让员工步入富裕生活的概率。当然这是以员工都具备进取之心为前提的。

需要强调的是，自然能量的赋予并不具有主动性。换言之，人类需要不断地努力才能获取自然能量。例如，你想拥有一台缝纫机，虽然你的想法非常强烈，但仅停留在想的层面而不行动，那么，即使缝纫机能够唾手可得，你也可能得不到它。反之，当付诸行动后，你便拥有了它。在这个过程中，你获得了你想要的物品，供应商也获得了他们所需的利润。在善意、友好的基础上进行公平交易是建立合作的准则。这样，才能对自然能量产生影响，才能获得我们想要的财富。所以，没有必要巧取豪夺、欺骗他人、损害他人的利益，不然会导致事态的发展不能与获得自然能量取得一致，导致致富梦破灭。

希望八月风来，散尽一切尘埃

感恩是你实现富有的敲门砖

自然能量无穷无尽。要想对自然能量产生强有力的影响力、实现致富目标，人类就需要迎合自然的能量并与之建立密切联系。

所有渴望致富的人与自然能量建立和谐关系是至关重要的。这个过程会涉及人类的精神层面、心态层面。为了能与自然能量建立和谐统一的关系，人类需要调整自己的精神状态、心理状态，改变行为方式。这种精神和心理状态简言之就是感激之情。

心存感激就是要坚信天地间自然能量的存在，肯定自然能量对人类资源的不断供给；要坚信自然能量的力量可以帮助人类满足合理的需要。

饮水思源、知恩感恩，人类才能与自然能量建立且保持密切的联系，建立与自然能量和谐一致的合作关系。许多人始终无法摆脱贫困，这是因为他们缺乏基本的感激之心，特别是那些获得了他人帮助之后便与对方中断联系的，这是缺少感激之情的典型表现。与此同时，他们也失去了改变其命运的机会。

心存感激即感恩之情，要相信：感恩会带来更多值得感动的东西。感恩蕴含着无限力量，所以人类需要有感恩的善念，以此实现思想与世界万物、美好事物的共鸣，并对美好的东西产生吸引力，使其来到我们身边，包括渴望的财富。

感恩拥有神奇的力量，可以帮助我们树立健康的思维与心态，让思想与自然能量时刻保持一致，并在建立关联的同时达成有效沟通。

获取财富需要严格依照"特定的致富方式"实现，感恩同样会引导我们沿着正确的致富之路前行，使人们的创造性思维与自然能量达成统一。感恩还可以让我们的心胸变得宽广，让我们站在更高的高度审视问题。当然，在正视所有事物时，我们要始终保持积极乐观的心态，有效避免陷入"财富是有限的"认知误区。

我们经常看到这样一句话："你接近上帝，上帝也会接近你。"同理，当你接近了财富，财富自然就会接近你，感恩的美好心态会一直指引我们敏锐感知周边的美好事物，同时与之更加亲近。这样，财富才会离我们更近，我们才会更容易发现致富的机遇。反之，如果人缺失了感激之情，就会频繁陷入困难的境地。久而久之，人就会对周围的事物产生不满，随之产生怨恨，一切美好的东西在眼中都会黯然失色。他们对自己的处境越来越挑剔，直至仇视他人的富足。如果对这种思想不加制止，人们将与很多的致富机遇失之交臂，从而深陷琐碎、消极的负面情绪中。这种负面情绪和思想还会传递给自然能量，衍生出越来越多的琐碎事物，长时间堆积后，人会被压抑得无法喘息。

如果任由这种不良思想肆意滋生，自己就会变得消沉，不会再有关注和探寻万物之美的心情，由此也会与财富无缘。所以我们要谨记：关注什么就会想到什么，内在的创造力也会随着所思、所想展现出来。心存感恩，心中都会是世间的美好，并会从这美好中获得大自然的恩赐。

感恩还能帮助我们坚定信念。当感激之情作用于自己的意识后，信念也由此而产生。反之，缺少感激之情的人，不会有坚定的信念。缺失了积极的信念，我们又如何"创造财富"呢？因此，当我们获取了他人的帮助、接受了不同形式的恩赐后，都要建立起感恩之情并形成习惯，将其长久地持续下去。

面对超级富翁或是垄断巨头们为富不仁的行径，我们没有必要浪费更多的时间关注或憎恨他们，因为从某种意义上讲，他们的存在也为大多数人提供了更多的致富机遇。所以，消极的情绪要不得，不要将时间浪费在对消极事物的抱怨上，不要对社会产生敌意。

在所有失去的人里，我最想念的是自己

进取心属于向上的原动力

进取，就是对现状的不满足，同时表现出向全新目标不断追求的态度。如果人类缺失了进取心，社会将会永远停留在原有的水平上。

进取心是不断向上的原动力。不断追求、不停息的发展及永久生存是自然界所有生物的本能。人类社会也是如此，所有人都在追求进步，企盼过上更加美好的生活。进取心也可持续地刺激致富的欲望。积极进取并非强权和竞争，而是自身源源不断的创造力。有积极进取心态的人与常人相较，他们更容易获得财富，更容易实现自己的愿望。

现实生活中，我们可能会因为众多因素的影响，导致对当前的工作环境不满意。怎么办呢？明智的做法是竭尽全力做好每一天的工作，严格依照"特定的致富方式"努力为自己创造机遇。不断追求与努力实现自我是人的一种本能需求，人类可以利用其内在的创造力，对当前的不满现状给予改变，通过实现自我，不断追求自身的更高价值，让对方感受到积极向上的态度。

人类所有活动都是以不断追求、不断发展、不断进步为基础的。这无可厚非，没有需求自然就缺乏动力，这是人的本能，更是人类不断进步的动力。追求是无止境的，对财富不断追求是人类对富裕生活向往的表现，同时也是人类共同的美好愿望。

无论什么样的人，都有一个共性，即需要正向的引导。所以，我们要向他人传递正能量，让他们感受我们不断进取的精神。在以"特定的致富方式"展开思考和付诸行动的过程中，将自己的成功经验传递给周围的人，不仅可使周围的人受益，还可将自己提升到一个新的境界。不要质疑这个做法的效果。要抓住所有可以传递正能量的机会，让与我们接触的人感受到我们积极向上的态度，感受我们的自信和执着，并在我们的影响下成为不断进取的人。

我们始终要坚持的是毫不动摇地保持自信与信念。只有这样，我们才能获得真正的财富，并源源不断地获得更多的财富。我们还要切切实实地将自己的信念渗透于行动的方方面面，始终坚信自己是不断进取的人，坚信自己有能力对他人产生不断进步的影响。与此同时，我们的致富行动还要为周围的人带来更多利益，激励和帮助他人与我们共同富裕。

在与人交往的过程中，有些人会给人一种爱吹嘘的感觉，这种印象就是此人不踏实。所以，在交往过程中，言谈举止很重要。我们要真诚，要将真实的自己展现在他人面前。此外，我们还要将致富的理念融入行动中并有效发挥。传递信息的方式有很多，可以是行为方式，也可以是语言、神情等方式。但当所有人都达到这个境界时，就没有对外传递自身感受的必要了。因为，只要我们出现在人群中，周围的人就能清晰地感受到我们身上的正能量，并愿意靠近我们，同时跟随我们共同奔向财富之门。

要时刻保持对外传递努力进取的印象。与周边的人建立关系后，要让他们从中获得意想不到的财富。利用这种方式，真诚地感召周围的人，使他们接纳、信任我们，从而积累起自己的客户群。

致富属于人的本能。我们做任何事都要始终坚守致富的愿望，明确自己的致富目标，并时刻保持坚定的信心和决心。需要奉劝的是：无论什么时候都要远离不良的行为与企图。我们要警惕那些追逐强权的人，因为他们企图控制他人，这是非常危险的。

世上不乏一些充满权力欲望的人，更有许多喜欢发起战争的人，他们都属于有心理疾病的人。他们希望奴役、剥削他人，其最终目的无非就是获取利益，发泄自己的统治欲望。与这样的人相处，会使周围的人受到伤害。这些人无处不在，他们获取财富的过程充满暴力。这些做法我们一定要警惕，避免在自己的致富路上重蹈覆辙。

人之所以容易被强权欲望所左右，其根源在于内心的意志力不够坚定。这是非常危险的，需要坚决杜绝。事实上，我们根本就不应该萌生这种想法。有了这样的想法，你并不会获得长久的财富，只会让自己深陷争夺权力与地位的煎熬中无法自拔。如果是那样，我们将会受制于命运和环境，丧失自我，被财富奴役，不会有幸福可言。这种致富行为的随机性非常大，在获取财富的过程中，充满着欺诈与血腥，每天都要思考如何斗争，像是一场战争，永不停息。俄亥俄州托莱多市的琼斯的"黄金法则"说：我为自己不停谋求的，也正是我希望与别人共享的。这句名言对创造财富的真谛进行了完美诠释。所以，我们一定要远离竞夺式的致富方式，用创造的心态去致富，只有那样，财富才会真正属于你。

恍惚半生烂如泥，连哭都怕失了礼

畅想你的致富梦想

为了能够帮助更多的人致富，我们需要清晰地、具体地将自己的致富前景描绘出来，让自己的致富畅想在脑海中留下深刻印象。在畅想过程中，要精准描述畅想的所有细节，甚至细化到某个节点上，好似已经将它实现了一样。

在畅想自己的致富愿望之前，我们要不断反思：希望获取的财富是多少？希望从什么方面获得？希望自己成为怎样的人？事实上，许多人并非能找到诸多问题的答案，许多想法在其头脑中也只是一个模糊的、零碎的概念。所以这样的人根本无法将自己的致富愿望精准地传递给自然能量。

一个人的致富之路成功与否取决于自身。人的致富愿望属于人的本能。所有人都会有这样的想法，但是，那种宽泛的想法并非强烈的致富愿望，不能构成清晰的致富愿景。这好比我们为亲朋好友发送电报、E-mail 一样，所有人都不会为他人发送数字或字母，不会发送毫无关联的字或词，而是要将自己的想法连贯且清晰地表达出来，让对方通过阅读可以精准领会到我们的想法。同理，在致富愿望的表达上也需要连贯、清晰。不同的是，在这里，我们要传递的信息对象是自然能量。如果我们的致富想法过于朦胧，那就根本无法引起自然能量的注意，我们也就无法借力于自然能量来实现自己的财富梦想。

所以，要时刻谨记自己的愿望，并在内心深处重复愿望图景，直至越来越清晰，并完全占据大脑。人的目光所及之处都应该是自己的愿景，掌控好自己的致富方向，不要偏离。

当心中的致富愿望逐渐演变为清晰的图像并印刻在大脑后，接下来要做的就是全力以赴地行动。平时，需要在休息之余不断重温自己的致富愿景，不断明确自己的发展方向。将致富愿景视为自己生活的一部分，形成自己的潜意识。我们要做的仅有两件事：第一，明确自己想要的是什么；第二，想方设法让自己爱上这些想要的事物，避免它们从自己的大脑中消失。

真正致力于致富的人会努力克服自身的缺点，并为最终实现目标而不懈奋斗。总之，当致富愿景清晰了，愿望才能强烈。当人们可以竭尽全力地思索财富时，我们就可以轻松地唤醒自己的潜能，使自然能量为自己所用。反之，一味驻足观赏致富愿景，长期陶醉于自己编织的美好幻想而不付诸行动，那么再美好的愿望也是空想。久而久之，便会将自己拖成根本没有能力改变自己命运的人。

幻想家与成功者的区别在于：成功者心中有梦想，但他们懂得如何坚定自己的决心与信念，并将自己的愿望、信念清晰地、及时地传递给自然能量，直到实现自己的梦想。

具体的行动与愿景描绘同等重要，缺失了行动力的愿景毫无意义。

天空会拥抱每一个抬头的人

致富离不开意志力

致富需要遵循科学的方式。要想实现自己的致富目标，就需要对自然能量产生积极且正向、善意的影响。无论何种原因，我们都不应该将自己的意志强加于他人，试图通过左右他人而实现自己的财富目标。任何人都没有这样的权力。

要明白，企图将自己的意志强加于他人、试图用精神力量控制他人、强迫他人按自己的意志行事是暴力行为，是卑鄙无耻的；通过暴力抢夺他人财物则属于强盗行径，通过精神力量试图从他人手里骗取财物亦属于强盗行为。

除此之外，我们更应该明白，即使本着"为他人利益着想"的美好初衷，也不可以将自己的意志强加于他人。因为，你无法判断什么样的东西会对他人真正有益，因此，任何控制他人的做法都是不可取的。

我们不能寄希望于天上掉馅饼，就像我们无须利用自己的意志力去改变太阳升起和落下的时间一样。正确使用意志力的方法是将意志安置于内心，使之成为自己灵魂中不可或缺的一部分。

人的意志能够推动和展开正确的思考与行动。所以，在每次思考、行动之前，都需要启动自己的意志力并正确发挥意志力的效能，使其对自己的思想、行为产生正确引导，让自己可以按照"特定的致富方式"获取自己想要的东西。

只有利用自己的意志力完成自身致富愿景的描绘时，才能使愿景更加坚定。意志力还非常有利于对自然能量影响的筛选。另外，我们还应该明白，美好信念的形成与我们日常的关注点、思考方式也有直接的关联。因此，我们要具备掌控自己思想和意志力的能力，确保自身意志力更加坚定，并运用意志力有效把控自己所关注的对象，使自己的注意力总是能关注正向、积极向上的美好事物。

人的欲望直接决定了自己想要什么。所以，想要健康首先要做的就是避免思想疾病。健康的体魄与健康的心灵是相通且又相辅相成的。我们不应该关注罪恶，要让正义占据上风，这是对美好事物的向往与追求。

我们的首要任务是让自己获得财富，然后再影响那些尚未摆脱贫困的人，让所有人都能通过自己的努力走向富裕，这是帮助穷人的最佳方式。但如果我们大脑中过多地充斥贫穷的阴影，就会被贫穷困扰，就不能描绘美好的事物，也无法勾画出清晰的财富图景。缺失了对财富和美好事物的不断追求，致富信念也会随之动摇，便无法走向富裕。

要想让贫穷彻底消失，最重要的还是行动力。穷人只有树立起致富的决心和信心，才能真正有效地消除贫穷。这也是消除贫穷的唯一办法。需要指出的是，只有具备创造力才是实现致富的根本。"竞夺财富"与自我毁灭没有本质区别。致富的原动力来自人类创造力，试图用阴暗卑鄙的手法致富都会与致富法则相悖。

释怀吧，总有人相识又归零

充分发挥意志力的效能

　　如果我们将注意力仅放在对贫穷及悲惨生活的关注上，那么，我们难免会忧心忡忡，会因此产生消极心理，使自己对财富的向往受到影响，使致富信心受到打击。

　　不要无限放大贫穷困苦，更不要妄自菲薄或沉浸于负能量中难以自拔。那样会给自己带来巨大的伤害，甚至深陷困境。人不能活在过去，更不能一提起贫困就一蹶不振。要学会放弃，摒弃消极的想法，将负能量排除掉。

　　在人际交往中，不要向他人提及或讲述自己的家庭困苦。认定贫穷就会始终沉浸于贫穷的回忆中无法自拔，这样，在潜意识里就会将自己纳入贫穷的行列。这很不利于对美好生活的憧憬，致富信念也会因此而不再坚定，致富热情也会受到打压，致使自己与富裕无缘。

　　以前的贫穷会随风而去，它只代表过去。现在需要做的是将全部的注意力集中到致富上。一定要坚信：自然能量会对我们进行正确的指引，我们也一定可以走上致富之路。如果总是犹豫不决，无法将注意力集中到"特定的致富方式"上，就会在致富的道路上偏离轨道，最终一事无成。

所以，我们一定要远离阴暗，远离负面言论与思想，因为世上到处都可以看到美好的景物和美满幸福、焕发无限生机的前景，世界也正在受人类意志力的影响，逐渐走向更美好、更富裕的生活。

　　当然，我们不能完全否认世界尚存在危机，否认诸多的不和谐因素及令人悲伤的事。但我们要相信社会正在向美好的方向发展，随着社会的不断发展，世界终将充满阳光。

　　我们要不断发展自我，不断向积极的方向前进，共同努力推动整个社会的进步。当人类社会进化到一定程度时，负面的东西就不再有生存空间，我们目之所及将会是一片安康与幸福。

　　当前，还有不少国家正处于贫穷和战争中。我们为之悲哀，但没有必要沉沦。要将更多的时间和精力用于快速致富上。自己富了，世界才会少一些贫穷。要坚信世界终将会步入富裕！从自己做起，鼓励更多的人努力致富，让世界越来越好。

　　现在，有很多人尚未摆脱贫困，究其根本在于他们缺乏对身边财富的关注，未抓住致富的机遇。对于这样的群体，给予他们最大的帮助是让他们明白如何使自己从贫穷走向富裕。要让他们关注致富法则，将成功的致富思想、致富方式传递给他们，使他们对致富有正确的理解，大胆探索，开启自己的创造力并运用它最终获得财富。

　　另一部分人对致富的本质没有正确的认识，这是他们的惰性。他们满足于现状，得过且过，不善于也不想思考致富的方法，更不愿意付诸行动。对于这样的人，富起来的人需要将自己的财富展示在他们面前，让他们在财富面前产生强烈的刺激，激发他们对美好生活的向往，利用成功的致富经历和法则对他们进行正向影响。

还有一部分人，虽然对"世界的本质是富裕的"有着充分的认知，也曾努力过，但遗憾的是未能成功。导致这个结果的根源在于他们进入了致富误区，曲解了致富的规律和方式。他们过于迷恋某种超自然的力量并深陷其中。这些认识误区为他们"规划"了错误的方向，使其与致富的正确方向背道而驰，最后屡遭挫折。对于这样的群体，最有效的做法就是用成就进行刺激和引导。

不要将他们作为同情的对象，反之，要将他们作为祝福的对象，将他们纳入正在走向富裕的行列，通过思想和言谈举止给予影响与暗示，通过正向引导，鼓励他们树立起追求财富的信心。

一个人给予世界最大的回报是让自己率先成为真正富有的人。成为真正的富有者是所有人都梦寐以求的，因为只有拥有财富才能拥有一切。同时，拥有财富，也是人们拥有高贵灵魂、健康体魄的基础，更是我们成为完美之人的关键。

除此之外，我们还要关注积极向上的报道与评论，这有利于保持良好的心态。需要指出的是，不要相信那些超自然规律的学说，更不要寄希望于他们。

我们要铭记以下准则：

第一，世间万物源于特定规律运行状态下的自然能量。自然能量会无限蔓延、无限渗透于整个宇宙空间。

第二，自然能量的运行是依照特定的规律展开的。

第三，尝试对自身进行愿景构想，并通过自身对自然能量产生影响，让自己构想的事物尽快创造出来。

为了达到这个目的——创造出自己希望拥有的一切，我们要坚持正确的"创造财富"的观念，勾画出所希望的财富愿景并坚定信念。这种信念至关重要，请坚守这一切，并以"特定的致富方式"指导正确的致富行为，最终走向富裕。

突然有一瞬间，感觉自己真的走错了很多路

谨遵法则行动

作为万物的灵长，人类拥有了思想。思想是展开创造的关键，换言之，人类的思想如火种，可以点燃人类内心深处的创造源并被充分运用起来。所谓创造性思维，事实上就是特定的思考方式。从致富的视角讲，就是以"特定的致富方式"展开思考，指引我们最终走向富裕。但仅有思考是不够的，还需要有一些补充，即拥有了火种，还需要拥有足够的柴薪。这柴薪就是行动。

我们应该清楚地认识到：人类需要相信并依靠自己的力量。因为我们没有超自然的能力，一切都要脚踏实地。如果脱离自然进化和劳动的过程，仅凭思考就想随心所欲地对自然能量产生影响，获取财富是完全不可能的。所以，我们除了要学会以"特定的致富方式"展开思考外，还需要以"特定的致富方式"去积极行动。

思想与行动两者密切关联且相辅相成。只有两者都被高效地运用起来，人类才有可能实现自己的致富梦想。仅靠思想而不付诸行动，即使遍地是金子，也无法真正拥有。

首先我们要有拥有财富的梦想，原因在于至高无上的自然能量是受人的积极意志力影响的。比如：许多人都在从事与黄金相关的工作，或是开采金矿，或是进行黄金交易。在这些行业里，我们需要积极地参与其中，并做好充分的准备和行动规划。等我们真的面对黄金同时又具备拥有它的能力时，金子才能真正成为属于我们的财富。

　　此过程看似曲折漫长甚至毫无头绪，但不可否认的是，所有的行动都在按照既定的规律和法则间接地为我们提供服务。要实现自己的愿望，须谨遵以下两点：

　　第一，要严格按照"特定的致富方式"展开思考。也就是说，我们必须启动自己的意志力，对自己的思维进行正确指导，使意志力完成对致富目标的坚守、完成致富信念的坚守并对所有事物心存感恩。

　　第二，要依照"特定的致富方式"付诸行动。在致富过程中，需要以"特定的致富方式"展开思考，以正确有效的方式完成向自然能量的愿景传递，并与自然能量保持和谐一致。在自然能量规律的运动和帮助下，我们的愿景可以顺利激发创造力，并借力为我们服务。但这个创造力必须遵循本身的规律，逐渐使自然能量的运行方向与我们的愿景一致。

　　在创造财富的过程中，人类正在扮演着重要的角色，这并非监测自然能量的运行，而是通过影响的方式使其向我们的意志靠拢。我们要竭尽全力地影响自然能量，坚定内心的致富目标，同时更要坚定我们的致富信念，最重要的是要怀着一颗感恩的心。

　　做好思想上的准备后，我们需要做的就是以"特定的致富方式"付诸行动。在通过思想影响自然能量的同时，让自己积极参与其中，实现与自然能量的携手共进，这样，我们才有机会与渴望中的财富相遇，并有机会将其牢牢把握。

获取财富后，我们还要认真思考对财富的使用，并将其价值充分发挥出来。我们必须正视一个现实：当我们长期以来盼望的事物尚未来到我们身边时，它可能正躺在世界的某个角落，或已经属于他人。但是为了能够拥有它，我们应该给予他人等价的物品，或是远远高出对方物品的价值。这就是所谓的"给予他人所要的，得到自己想要的"（互换互利）。

任何人都不可能不劳而获。金子永远不会自己跑到不创造、不努力的人的口袋中。许多人都有强烈的致富愿望，他们也会使用自身的内在创造力影响自然能量。但许多人却以失败而告终，究其原因，是他们缺少积极、有效的致富行动，不懂得如何获取财富。

我们可以尝试利用思维创造力创造财富，或是通过积极的行动获取财富。无论我们选择哪种方式，无论我们的致富梦想多么宏大，关键还在于行动。我们无法再重新走昨天的路。我们要时刻保持清醒，使致富图景精准且清晰，这样我们的致富愿望才可能持续下去。

未来是未知的。我们无法将行动寄托于明天。不要试图将今天要完成的工作拖到明天。我们也无须预测明天可能要出现的问题。所以，要处理好今天的事，认真对待人生中的每一个今天，把握好眼前、把握好今天是最重要的。还有，不要因为自己尚未找到合适的工作就坐以待毙，更不要将致富的愿望传递给自然能量后就试图坐收渔翁之利，这两种想法都是不可取的，对财富获取是不利的。

　　为了实现致富目标，我们要做好充分的准备，妥善处理好工作中的人际关系和各种事务。我们没有更多的精力去处理职责范围之外的事，更不可能处理未来可能会属于我们职责范围内的事。做好眼前的工作至关重要，因为它是让我们获取更好工作的前提。我们不但要充分发挥现有工作的环境优势，还要以"特定的致富方式"展开行动，不断获得更好的工作，这样才能与我们的致富目标越来越近。

热烈的夏天，像是青春回头看了我一眼

快的同时还要全力以赴

我们已经完成了较多观点和理念的讲述。接下来我们要做的是充分利用这些观点和理念对我们的思想进行指导。

在不断前行的过程中，我们也在不断成长和进步，这个过程也是自我超越的过程。在这个过程中，我们需要精益求精、最大限度地将自身潜力发挥出来。

所有进步的原动力都来自自我超越的力量。假如所有人都敷衍工作，那么世界财富就无法积累。敷衍是一种极不负责任的态度，造成的危害也相当大。抱此态度的人不仅会影响自己，还会拖慢社会前进的步伐。这类人并不少，如果不去主动改变，社会真的可能会停滞不前。

自然界每时每刻都在发生变化，此变化会通过所有物种的进化展现出来。当某种生物的进化明显快于其他生物时，那么它就会表现出更强大的生命力，此时，这种生物就拥有了优先发展的机遇。

人类社会的持续发展与进步也是如此。人类社会的更新与持续发展是依托于社会中个体的不断发展和进步及自我超越的，人类社会的自我超越反过来会对我们创造财富的目标产生激励作用。

事实上，我们生命中的每一天都在不停地经历着成功与失败。比较具有代表性的就是，当我们完成了某项任务或某一天的目标时，我们也获得了自己想要的并度过了成功的一天。与此同时，没有人可以保证每天都不失败。如果我们以失败告终，我们就无法实现富裕。但我们能做的是尽量让每一天都能成功。只要认真过好每一天，无论收获多少，我们就一定可以富裕起来。

细节能决定成败。很多时候，一件看似非常小的事也有可能引发无法预料的后果。所以，我们也要正视所有的细节和小事，认真思考细节对"大事"可能产生的影响。人类社会关系错综复杂、变幻莫测，这些小事也可能会对我们的判断带来影响，成为我们致富道路上的绊脚石。重视小事，重视细节，努力过好每一天，尽其所能地完成当天的任务也是实现致富的重要因素。

虽然我们要注重小事，但不意味着凡事都细思极恐。做事最重要的是讲究度的把握。在处理诸多事物的过程中，要分清孰轻孰重，知道要点在哪里并能正确地把握分寸，避免做超出自己能力的事情，避免滋生把今天的事放到明天做的惰性思想。

工作和处理问题一样，讲究保质保量。所有的行动无外乎两个结果——成功与失败，无外乎两种效能——高效与低效。

低效的行动可能会导致失败和浪费。当一个人的行事效率始终低下时，即使通过努力，也未必会有明显的成效。反之，所有高效率的行动都可以让我们缩短与成功之间的距离。其实，所有的高效率行动本身就是一种成功。

只有保持了强烈的致富愿望，我们的行动才可能是高效的。这种坚定的信念实际上源自强大的内在动力。只有你的内在动力足够强大，爆发力才会强劲，才能在强大的内在力量的推动下提高我们的工作效率，最终实现致富目标。

在这个过程中，思想和行动存在着密切关联，若将两者分开，必会遭受失败，因为不能一心二用。在同一时间内既要兼顾思想又要兼顾行动，行动的效率就会变得低下。如集中精力于每次行动，哪怕是一个非常小的行动，结果也一定是成功的。在自然法则中，所有的成功都会打开另一扇窗，或是打开更多的成功之门。

要记住：所有的成功，无论是大还是小，都是为后续的更大成功做准备的。世间万物都希望自己拥有无限的能量，同时期望自己更有意义，人类与其他生物的差异也表现于此。

人类更需要这样的追求。在努力获取成功的道路上，所有人都在不断前进，不断地开阔眼界，不断地接触更多的新的人或事，并在此过程中蓄积力量。

思考可以帮助我们勾勒出更加清晰的蓝图并将其印在脑海中。这些蓝图会在我们行动的过程中自然而然地浮现在眼前，激发我们的斗志，助推我们不断奋进和努力。

为实现此目的，我们必须摒弃"竞夺"的致富手段，选择正确的致富观念。必须在大脑中完成自己预期目标的构想和财富愿景，坚定信念。这样，我们所预期的目标最终才会实现。

没有什么大彻大悟，无非是步步错步步悟

第三章　获取财富的基础

热爱事业是获取财富的基础

　　无论企业还是个人，优势能影响成败。例如，一个人缺失了出色的音乐才能，那么他就不可能成为优秀的音乐教师；缺失了动手能力，就很难成为出色的机械工程师；而缺失了随机应变的智慧和成熟的大脑，就很难在商海搏击中取得成功。但是，即使我们具备了某一方面的特长，也并不意味着我们就一定可以因此致富。历史上有很多音乐家，虽然他们都具有音乐天赋，但他们始终没有走出贫困，甚至有人过早地结束了艺术生涯。而那些手艺精湛的工人及颇有头脑的商人，最终也以失败告终。

　　这是为什么呢？认真思考这个问题就会明白：在致富的道路上，拥有多样化的才华与技能仅是众多致富要素中的一种。要致富，离不开这些优势，但仅仅依靠这些优势还不够，还要懂得运用优势，将优势发挥出来。例如有些手工艺人，他们凭借锯子、直角尺和刨子就可以完成精美家具的制作，而有些人同样使用这三样工具，却只能做出拙劣的产品。两种截然不同的结果说明，懂得高效运用优势更为重要。所以，当我们拥有优势时，还要懂得如何运用优势、激发它的内在价值，并最终走上致富之路。

俗话说得好，三百六十行，行行出状元，也就是说所有的行业都会提供致富的机会，即使我们缺失了某一个行业需要的天赋，我们也可以通过学习、培训提升自己，因为我们都有取得成就的潜能。这种潜能可以帮助我们通过学习提升自己，并在此过程中获得想要的技能。

重点在于如何激发这种潜能。凭借自己的特长，在自己擅长的岗位上工作并加之不懈的努力会使成功更加容易。如果我们敢于尝试，涉足挑战性更大的领域呢？除了能获得财富，是不是还能给自己带来更大的成就感？很多时候，生命真正的意义体现在拼搏中。假如我们每天都被迫做自己非常不愿意做甚至厌恶到极点的事，你会有幸福感吗？事实上，我们完全可以做自己想要做的事，因为每个人都有梦想。当你拥有这种想法的时候，说明你已具备了相应的才能和潜质。这种才能与潜质会让你非常渴望将自己内在的力量表现出来！

例如我们渴望演奏音乐，这说明我们内在的演奏技能已经成熟，正在寻求一个表达与发展的机会；同理，当我们充满了想要发明机械设备的渴望时，也说明我们已具备了机械制造方面的技能。所以，当我们表现出了非常强烈的愿望时，就要不断努力、不断激发自身潜能，并对其正确运用，让其最大化地服务于我们梦想的实现。

一般在条件均等的情况下，我们会选择能够发挥自身特长的职业。在此环境下，取得成功相对容易。但是，假设我们非常向往和热爱一种事业，即使自己并没有这方面的专长，我们也应该听取内心的声音，遵循自己的心声选择职业，并将其确定为终生奋斗的目标。

大多数人都有相同的体验：当选择了自己喜爱的工作后，就会事半功倍，同时还可以获得精神上的愉悦感。不难看出，选择自己热爱的工作也是实现富裕的最大动力源泉之一。

任何人都无法剥夺我们选择自己喜爱的工作的权利。很多人在选择工作时会因错误的判断误入并不喜欢的行业，这无疑是一种煎熬。即便如此，我们也应该认识到，当前的工作很可能会成为一座进入自己喜欢行业的桥梁，可能蕴含着让自己脱胎换骨的机遇。因此，我们要不断告诫自己，务必做好当前的工作。要在做好本职工作的基础上寻求机遇，并在机遇成熟时转变思维，大胆改变自己。当然，面对突如其来的机遇，认识还不透彻、不能确定其有效性的时候，不能贸然行动。

要用"创造财富"的理念对行动进行指导。在创造性的世界里，从来都不缺少机遇，只是你是否具备了识别机遇的慧眼。任何时候都不能操之过急，要踏踏实实地做好自己想做的事情，无须顾忌他人的目光。不要攀比，除了自己，其他人都不可能阻止我们"创造财富"的行动。我们应该明白，每个人都有自己的位置，即使你认为的好职位已经被别人占据了，也要相信还会有更好的位置在等待自己，等待自己去获取。所以，当我们感到人生困惑且不知所措的时候，不要盲目向前，应该停下来调整状态，静下心来倾听内心的愿望，提升自己致富的决心与信心，妥善处理好面临的问题。

为了弄清一个问题而花费几天的时间是非常值得的。在处理问题的过程中，我们要不忘初心，始终对愿景抱有感恩之情。当我们以"特定的致富方式"思考问题时，才能确保我们的行动不出错。自然能量无所不在，它完全可以洞察我们的愿望是否真诚，是否怀揣感恩之心，最后决定是否向我们靠拢，是否给予我们力量，帮助我们实现梦想。

在致富过程中如果过于草率、过于匆忙，内心就会焦躁不安，甚至会完全忘记自己的初衷。这样，我们的行动就会失去方向，无法以"特定的致富方式"思考和行动。所以，我们应该时刻保持警醒，始终坚守自己的信念，并以感恩之情运用自然能量赐予的无限智慧。

一定谨记：当我们失去镇定、开始仓促的时候，我们就不是在"创造财富"，而是演变成了财富的竞夺者，让自己深陷危险中。我们要始终做财富的创造者，将所有的注意力都集中在自己的终极目标上并心存感激。要相信，感激之情可以赐予我们力量，激励我们走得更远，最终让我们过上富裕的生活。

留不住的东西太多了，尽力就好

要有持久的进取心

不断追求进步，努力实现自我价值，是每个人内心深处的本能需求。人类拥有内在的创造力，会在无形中促使自己不断努力、不断改变现状，最终实现自我价值。

我们在人际交往的时候，无论面对面的交流，还是远距离的沟通，都应该向对方传递积极向上的思想。人类的所有活动是以不断追求、不断发展、不断进步为基础的。每个人都有高质量物质的需求，如希望自己拥有丰盛的食物、希望自己可以身着漂亮的服饰、希望自己可以生活得更加舒适美好。总之，每个人都在渴望拥有美好的事物。

追求与发展是人类的本能。追求与发展是永无止境的，一旦停止，就意味着崩溃与死亡正在靠近。人类从来没有停止过追求幸福的脚步，这是人类追求美好的愿望。这种愿望再正常不过了。在以"特定的致富方式"展开思考、付出行动的过程中，我们的进步和成长是不会停止的。我们将自身的成功体验传递给周围的人，我们就成了传授致富方法的中心。

不要质疑这个做法的效果。无论与他人建立的交易是大是小，就算彼此间仅交易了一根棒棒糖，我们也要让对方感受到我们的进取之心。要努力抓住所有可以对外传播正能量的机会，让所有人感受到我们的自信与执着。

要对自己充满信心，坚信自己是不断进取的人，坚信自己可以影响周围的人不断进取。但要注意的是，不要过分炫耀自己，特别是不要刻意吹嘘自己，因为信任的基础是真诚。事实上，喜欢吹嘘自己、对外炫耀的人多数都是表面光鲜，内心却充满疑虑甚至怯弱、自卑。这类人的真实面目很容易被识破，所以没有必要故弄玄虚。要真实地表现自己，让周围的人看到一个真实的、充满信心的自己。除此之外，我们还需要给他人以正向的印象。所以，在每一次的接触和交易中，我们应该最大限度地给予他人更多的价值，从而获得相对较少的财富价值。这种交易方式会使周围的人自然而然地感受到我们传递出的自信，并予以信任和接纳，这样，我们的朋友就会越来越多，拥有的客户也会越来越多。

坚信致富愿望至关重要。我们要始终清楚地知道自己的致富目标是什么，并要有坚定的信心和决心。追逐强权、试图控制他人的想法都是非常危险的。当今社会，有许多人的"奋斗"目标充满着掠夺性，他们频繁地利用资本的力量掠夺他人的劳动成果。这是因为他们受到了"竞夺财富"方式的诱惑，迷失了方向。

托莱多市的琼斯曾经在"黄金法则"中说过："我为自己不停谋求的，也正是我希望与别人共享的。"这句话体现了一个高度，真切地阐明了"创造财富"的真谛。所以，我们要以创造的心态致富，这样，财富才会真正地属于你。

倾盆大雨，是云朵藏不住的委屈

当优秀成为卓越时，财富就会向你走来

所有人都应为自己的目标而努力。无论是公司的高管还是一般员工，或是小商小贩，都应确立一个立志成为卓越的人的决心，这也应该成为致力于实现致富梦想的人的奋斗目标。

职业不重要，重要的是要立志，立志成为卓越之人。有这样一个故事：有位医生，他非常励志，一心想成为最出色的医生。由于他信念坚定，工作精益求精，医术越来越高明。久而久之，慕名而来的人越来越多，慢慢地，他的诊号成了"一号难求"的稀有号。其实，在知识面前，你毕业于哪个学校并不重要。因为学校所学的知识是有限的，所有人都可以通过学习来掌握。力求上进的人，如果没有坚定的信念，没有执着的进取精神是不可能取得成就的。与其他行业相比，医生学习的机会明显多于常人，但没有积极进取的信念，没有付诸行动的精神，同样不会成为一位好医生。

当然，我们在精神上离不开卓越者的帮助与启蒙。这些精神导师都是深知致富学问的成功者，他们有足够的能力吸引众多追求者。他们常会激情演讲，毫不保留地向人们传递致富的知识与理念，帮助和引导更多人走向幸福。

当代社会中，能站在演讲台上演讲的卓越之人都是有致富经历的人。所以，他们更容易赢得大家的信任。作为受人尊敬的导师，以身作则是重要的，也是最好的示范。自身的健康体魄、高尚情操和富裕生活会吸引许多忠实的听众。教师的作用亦是如此。他们需要成功激发学生的美好愿景，让他们坚定追求美好生活和美好未来的信念。如果教师非常热爱生活，对生活充满信心，时刻怀揣感激之情，他的这种热情就会在教学中传递给学生，并对学生产生长远影响。

此法则与前面章节一直论述的致富理念、法则理念相同，具有科学性、正确性。我们只要坚持不懈地严格遵循它，就必定能获得财富。为此，我们有必要再次重申：致富属于严谨的科学。在此学科中，"特定的致富方式"具有很强的实用性、可行性和可靠性，这些特点对外散发着吸引力，具有很强的适用性，可以帮助更多的人改变命运，让生命充满希望与机遇。

一个有责任感且可以高效完成工作任务的人对于雇主来讲，是一个具有价值的员工。正常情况下，雇主是否要为一名员工升职，在于他是否可以满足雇主的最大利益。所以，升职并非客观衡量一个人的价值，因为价值与员工的薪资无直接关联。

成为卓越之人，仅有出色的工作能力是远远不够的，还需要有明确的目标和坚定的信念。努力做好"分外"事，不是为了迎合老板，而是为了自身的不断进步。日常生活中，无论上班还是休息，我们都要保持坚定的信念，在与他人交往时向其传达自己的意志力量，给他人留下深刻印象，并让他们清楚地知道自己通过与他人的相处，可以获得物质财富、精神财富，以及更多机遇。即使当前的工作岗位尚不能满足我们成为卓越之人的愿望，我们也要坚信，在不久的将来，一定会出现一个非常适合自己的位置。

我们身边的环境如何？我们所处的行业是否有大好发展前景？这些都不重要，都不会成为获得成功和致富的阻力。只要我们坚持按照"特定的致富方式"展开思考并付诸行动，那么，我们就可以进入自己喜欢的行业，并从那里开创自己的致富之路。如钢铁托拉斯，可以通过打工致富，也可以通过经营一个 10 英亩的牧场致富，形式与途径虽然不同，但目标相同。

以"特定的致富方式"展开思考、付诸行动，可以改善自己的处境，找到多样化的致富机遇。但不能抱着不切实际的期望，更不要奢望完美的机遇，因为只要有一个机遇就可以足够改善我们的处境了。而我们要做的就是：当机会出现时牢牢地抓住它，并坚定地走向成功。只要我们成功地迈出了第一步，就会发现有更多的机遇在涌向我们。

我深知生活不能事事如愿，所以尽力之后选择顺其自然

切勿与致富戒律相悖

许多人还没有高度地关注致富法则，不认可致富属于科学的理念，始终固执地认为世上的财富是有限的，自己的贫穷是因为社会环境的制约导致的。他们将致富的希望寄托于社会的改变上，认为只有那样，他们才可能获得更多的财富。

事实真的是这样吗？目前在许多国家，有很多人依旧尚未脱离贫困，但这些人没能富裕的根本原因与社会的治理不周并没有直接的关联，而是他们没有运用"特定的致富方式"展开思考，以及缺乏付诸行动的能力。

也有一部分人在尝试着接受本书中的理念，努力改变自己的行事方式。他们的变化显而易见，无论身处何种经济体制，都无法阻止他们走向富裕，成为真正的富裕之人。所以，我们要清楚地知道，经济体制也好，竞争机制也罢，在致富过程中都在发挥自身的作用。当我们可以精准地掌握"创造财富"的秘诀后，我们从"竞夺财富"中挣脱出来就不那么难了。

下面我们总结并重申一下运用致富法则的要点：

1.集中精力做好今天的事，今日事今日毕。

明天是具有不确定性的，任何人都无法预知未来。所以，不要纠结明天会发生什么事。同时，没有必要将时间和精力耗费在毫无意义的应急计划、预备措施上，除非它可能会影响我们的行动。至于明天会发生什么，我们无力阻挡，让它顺其自然地发生，然后处理好。

中国有句俗话：车到山前必有路。这句话浅显易懂，我们没有必要无限度地放大可能出现的障碍，除非我们能改变或成功避开障碍。所以，不要考虑那么多的困难和假设，只要践行自己的致富信念，以"特定的致富方式"展开思考、付诸行动就可以了。

当困难真的到来时，通过我们的处理，它们也就被解决了。即使没有被解决，我们也有办法跨越，继续我们的致富之路。

2.积极向他人传递正向信息并为其留下不断进取的印象。

无论是工作还是闲暇之余，我们都要谨言慎行。要永远避免负面情绪的出现，不要放大"可能的失败"。在谈论自己及自己的工作或者其他一切与我们息息相关的事情时，我们都要善于发现美好，向对方传递正向进取的信息，表达自己的致富信念与进取的决心。

3.坚定信念，心怀感恩，坚持积极进取。

要时刻谨记：希望是永存的，无论什么时候都不要放弃希望。生活中，我们常会遇到一些不良事物，看到一些人因为一些失败而沮丧。但对于真正具有坚定信念的人来说，失败只是一个表象，一些不良事物的发生也只是暂时的。他们始终坚信，后续会有更多更美好的东西出现，依旧会坚定地以"特定的致富方式"行事。

要相信自己、肯定自己，并按致富原则行事。当迎来一个全新的任务时，一定要调整好自己的心态，遇事不退缩、不气馁。结果并不重要，重要的是我们可以一路奋斗下去的精神。除此之外，我们还要有过人的胆量，这是助推我们实现理想与目标的动力之一。

谨记：一定要有持之以恒的决心，更要对自己充满信心！

风尘仆仆终有归途，幸与不幸都有尽头

走向财富之巅

世间万物的形成来源于自然能量。自然能量通过原始状态对外无限蔓延、无限渗透，最终充满整个宇宙空间，能量的供给从未间断和枯竭过。自然能量按照特定的规律展开，运行于宇宙空间，所有规律的运行变化都是某种运动的过程。人类的思想可以对自然能量的获取产生直接影响，只有人类的意志与自然能量的运行规律一致时，才能使我们的愿望越来越清晰、越来越具体。通过对自然能量的影响，获取帮助，最终实现自己的致富目标。

我们要彻底摒弃"竞夺财富"的意识，从真正意义上接受"创造财富"的观念。只有这样做，我们才可能与自然能量建立关联，实现信息的互通互动，享受其无形智慧、无穷力量的帮助。我们要时刻怀揣感激之心，这是我们与自然能量并肩而行的唯一途径。

我们要将心中清晰且明确的图景牢记于心，将我们的真诚、感激之情传递给自然能量，由此充分开启自然界蕴含的巨大的创造力。

创造力量可以体现在工业和社会秩序中，并在其中发挥作用。当我们可以透彻理解本书的致富法则并对其持坚定信念时，那将会吸引更多的贸易、商业渠道向我们靠近。但它们并不具备变性，需要我们获得后采取积极有效的行动，在坚持自己信念的基础上鼓励自己不断进步，竭尽全力做好每一件事，努力成为成功卓越的人。

第二篇

巴比伦首富的致富秘诀

第一章　巴比伦首富的致富秘诀

富饶的巴比伦王国

如果我们具有穿越时空的超能力，那么就可以探究人类的远古文明。当巴比伦王国异彩纷呈的美景跃入你的眼帘时，你一定会为它的美丽和富饶啧啧惊叹并引发无限遐想……

历史上确实存在着巴比伦王国。那是一座令世人神往的古老都城，它坐落于幼发拉底河与底格里斯河接壤的位置。公元前 1890 年前后，智慧的古阿摩利人在那里建造了都城并谱写了古巴比伦王国的神秘传说。

古巴比伦王国曾拥有最杰出的国王——汉谟拉比。但他去世后，巴比伦王国开始惨遭外族的频繁侵扰，在战乱中度过了 500 多个历经磨难的春秋，直至公元 7 世纪末，巴比伦王国再次出现卓越领导人尼布甲尼撒。

新巴比伦王国在新卓越领导者尼布甲尼撒的带领下重振雄风，重建辉煌，但好景不长，在不到百年的时间里，新巴比伦王国再次被阴霾笼罩。这次它没能逃离厄运，被波斯人灭亡了。巴比伦王朝古城巴比伦逐渐消失在尘埃之中，彻底淡出了人们的视线，随之消失的还有许多神秘的奇观与辉煌的文明。

巴比伦王国时期，巴比伦城可谓两河流域壮丽且繁华的富庶都城之一，继承了苏美尔人、阿卡德人的辉煌文明，并在此基础上不断发展，成为盛极一时的城市。在此过程中，助推了美索不达米亚文明的快速发展，并创造了无比璀璨的文明与辉煌。

巴比伦古城共有两道城墙，城墙分内城墙与外城墙。在城内无数壮观的景物中，称建筑之最的当属尼布甲尼撒王宫与空中花园，当时，这两个景观无人不知无人不晓。最值得一提的是通天塔，被当时的人们誉为可以让上帝震撼的建筑。

《圣经·旧约》曾有明确记载，人类祖先最初选择在两河流域定居，生活过得非常安逸。随着百姓生活的不断富裕、社会的不断发展，巴比伦王国决定修建一座可以通往上天的高塔。他们用砖块和河泥作为建筑材料，经过不懈努力，即将修建成一座高耸入云的高塔。上帝耶和华知道此事后，被人类极度膨胀的虚荣心震怒，他决定为人类制造困难和混乱，于是，开始在人间散布多种语言，通过设置语言沟通障碍的方式阻止他们建成巨塔。后来，巴比伦城被人们称为"触犯上帝的城市"。

很多古书中都有关于巴比伦通天塔的记载。例如在《圣经·旧约》中可以查阅到很多关于此传说的描述。除了通天塔外，另外一个景观是空中花园。人们得以再次目睹空中花园，得益于公元前3世纪腓尼基的旅行家昂蒂帕克，他让巴比伦的空中花园成为世界奇迹，并将其纳入自己认可的"世界七大奇迹"中。

在巴比伦民间有个美丽的传说，讲的是尼布甲尼撒当政时，有一位叫阿密斯提的美丽王妃，她的故乡在一个多山的国家，当时被称为米底。那里景色迷人，到处都是茂密的森林，树木、鲜花随处可见，但美索不达米亚平原却与之不同，因为干燥，连棵树都看不到。美丽的王妃来到这里后每日郁郁寡欢，久而久之得了"思乡病"。看到王妃这样，尼布甲尼撒非常心痛，便下令为心爱的王妃修建了一座令世人叹为观止的奇观美景——空中花园。

空中花园的遗址位于今伊拉克首都巴格达西南大约 90 千米处。它不像它的名字那样悬在空中，而是建筑在一处石质地基之上，总高 24 米，相当于现代标准楼房 6 层楼的高度。整个花园的外形像极了多层的生日蛋糕，面积自下而上逐层递减，层层叠加。园内除了有无数的鲜花和树木，还有人工建造的溪流、瀑布，甚至还有供人休息的长廊与亭阁。

因为花园里种植的树木和花草需要有足够的水源滋养，因此，工匠们在空中花园里建造了完善的供水系统。通过科学勘测得知，建造这个供水系统，需要奴隶们用力推动一种可以供水的齿轮系统，将水抽到花园最高处的储水池，然后再进行人工引流逐层向下浇灌。

在空中花园，如果不采取特殊的处理工艺，高层花园土壤中的水分很快就会渗漏一空，地基也无法承受水的长年浸泡。因此，在建造时，建筑师们对建筑的防渗漏问题进行了特殊处理。根据科学家们的不断探究，推断其中的奥妙应该在花园的底部构造上。甚至还有人进行了大胆推测：建设前在花园底部注入了大量的芦苇、沥青等防水材料，还有人推测是包了一层细密的铅板。但至今，空中花园的供水系统及防渗漏系统还是一个谜，致使有位沙特富翁为解开这个千古之谜而发布过悬赏令。古代文明对外释放的神秘感，不断刺激着当代人去探究它的辉煌之谜，因而考古运动也在19世纪中叶开始盛行。两河流域的巴比伦则是探索之谜中的最大亮点。

在人类历史的发展过程中，有众多的文化和文明遗留了下来，给人类留下了一些令人神往的美丽传说。这些传说在人类文明中释放着曲折的延伸性，勾勒出了绚烂多彩的神话。这些神话为人类对历史的探索提供了依据。

《圣经·创世记》中的记载为考古学家们的探究指明了方向，为他们再现美索不达米亚平原已经消失的古都和曾经的辉煌给予了启示。

1840年，法国人博塔曾到多苏美尔人的发祥地摩苏尔试图寻找《圣经》中提到的尼尼微。经过了长达两年的探索和挖掘，他从刻有铭文的砖块、图画与雕花的残墙中惊喜地发现了古代城市遗址，并信心满怀地认定这就是传说中的亚述王宫与尼尼微。此发现震动了整个欧洲。

博塔对外宣布自己的发现后，英国人莱尔德在对其他古城遗址的考古挖掘时同样发现了震惊世界的秘密，成功发掘出了尼尼微的亚述王宫，规模之大让世人震惊。

莱尔德是尼尼微的真正发现者。他发现亚述王国最大王宫的方式是挖掘，从考古学角度来讲，获取了不容辩驳的证据，说明尼尼微真的存在，并且是亚述王朝的都城。莱尔德之后的拉萨姆沿袭莱尔德的发现，又在此王宫中获得了更多发现：最古老的图书馆！而且，在这个图书馆中，还有3000块以泥板形式存在的众多重要记载。这些用楔形文字记载的内容有亚述王朝的众多文化，包括世系表、史事札记、朝廷敕令，还记录了较多的神话、歌谣、颂诗等。其中就有现代文学史家称之为"史诗元祖"的吉尔加美什神话。

1872年，英国伦敦大不列颠博物馆的研究人员史密斯开始对泥板内容进行译释。为解开古城秘密，拉萨姆将众多泥板运送回国，希望以泥板上记录的文字为切入点，让远古的神话、文明再现。此次的重大发现与深入研究，将两河流域的考古工作又推向了一个新的高潮。

1899年3月，德国考古学家抵达当今巴格达南部约50千米的幼发拉底河畔，展开了长达10年的大规模的考古和发掘，找到了沉寂3000年的由尼布甲尼撒二世于公元前605年完成改建的巴比伦古城遗址。

巴比伦古城位于今伊拉克首都巴格达的南部。本书中所提到的巴比伦文明仅是一个统称。事实上，这个文明的发展时期是公元前4000年到公元前500年之间，古城坐落于两河流域幼发拉底河与底格里斯河附近，古希腊人将其称为"美索不达米亚"。《圣经》中也提到过这个名称，将其称为"天堂"。将巴格达定为中心，北边接壤亚述，南边接壤巴比伦。众多古老王朝在这片拥有优质资源的平原上创造了世界上的首个城市，并颁布了首部法典，完成了早期的史诗、神话、乐典、农人历书等的传播，因此被誉为西方文明的摇篮。美国学者克莱默于1956年曾对外宣称，居住于巴比伦附近的苏美尔民族，在人类文明创始方面做出了突出贡献，至少创造了27个第一。

进入现代以后，人们得以重见人类发端的文明与辉煌，特别是挖掘遗址过程中获取的刻有楔形文字的泥板向现代人讲述了失落王朝的无限魅力与传奇。

已经在努力生活了，可仍感觉力不从心

神奇的第一封信

　　巴比伦考古发掘的重大发现，使考古再次掀起热潮，许多人为之振奋并积极投身于考古发掘中。英国非常推崇科学方法的勘探，因此成立了专属机构——美索不达米亚希拉城研究中心，并召集了众多顶级考古专家，著名考古学教授富兰克林·考德威尔也加入了发掘者的行列。

　　在正式开始挖掘前的六个月，一次偶然的机会，考德威尔从并不显眼的遗址中发现了五块保存非常完整的泥板。直觉告诉他，这些泥板很珍贵。他小心翼翼地将这些泥板包裹好，并将他们邮寄至诺丁汉大学考古系著名考古教授什鲁斯·伯里那里，恳请教授帮助他把泥板上的文字译释出来。他在工作上与什鲁斯·伯里往来甚密，两人私交甚厚，这次富兰克林·考德威尔决定将楔形文字的译释工作交给什鲁斯·伯里处理。

　　将信件和泥板寄出后，考德威尔教授开始急切地盼望着英国方面的回信。终于，他收到了盼望已久的什鲁斯·伯里教授的回信，怀着激动的心情打开来信后，一些急切盼望的信息跃然眼前。

亲爱的教授：

　　您好吗？非常感谢您对我的信任。我已经收到您在巴比伦废墟中挖掘出来的五块泥板。看到这些文物我非常激动也为之着迷，我对泥板上的文字进行了慎重的译释。事实上，我应该更早一些给您回信，但是，为了对这些珍贵文物的内容译释得更精确些，我又反复研究，就耗费了一些时间，所以耽搁至今，我已完成了泥板上所有内容的译释。

　　从这些珍贵文物的邮递保护和包装上可以看出，您对这些文物十分重视，我收到的这些泥板完好无损，请您放心。

　　译释之初，我们以为这些泥板上记载的是美丽的爱情故事或古老传说，如《天方夜谭》中的悬疑故事。但是，经过深入研究后发现，事实并非如此。泥板上叙述的是清偿债务的方法，主人公叫达巴希尔，泥板上的文字是对他偿还债务过程的描述。经过细致的阅读，我们发现，远古时期的经济生活状况与5000年后的今天没有太大差别。

　　最让人惊讶的是，泥板上记录的古老文字与我开起了玩笑。我是一名大学教授，自认为知识渊博。然而，这个来自巴比伦废墟泥板中的人物达巴希尔却着实给我上了一课。他告诉了我一个以前我想都没有想过的问题——偿还债务与致富之间的密切关系，而且偿还债务与致富是可以同时进行的。他做到了在偿还债务的同时，还让自己的钱不断增值。

　　当我看到这里，我被他的观念惊到了。这是多么令人兴奋的想法呀！更重要的是，你可以亲自尝试和验证这些方法，以对古老巴比伦的达巴希尔所讲的方法是否适用于当今社会而展开验证。

　　真心祝愿您，我的朋友，希望您在重大的考古发掘工作中总有好的收获，我殷切地期待下一次与您的合作，能为您效力我很开心。

考古学教授什鲁斯·伯里敬启

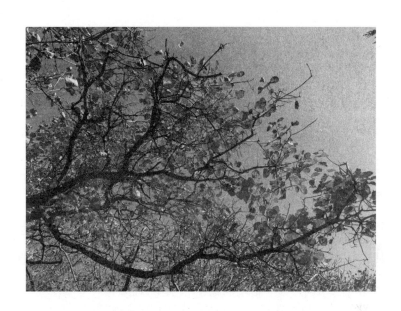

心要像雨伞一样，撑得起，收得住

第一块古老的泥板

今天又是一个月圆之夜。我，达巴希尔，在不久前有幸从叙利亚解除了奴隶的卑微身份再次回到巴比伦。我决心将我所有的债务都偿还清楚，成为一个受巴比伦同胞敬重的富人。此刻我要记录我偿还债务的所有过程并将其作为我偿还债务的风向标，时刻鼓励自己实现这个目标。

我有位好友是钱庄的老板，名叫马松。他很睿智，给了我很多忠告。我决定执行一项严谨的计划并将计划告知了他。马松说，这项计划很了不起，可以引导所有有心远离债务的人，还可以使他们再次富有，并得到应有的尊重。

此计划涉及我非常渴慕的三大目的：

第一，该计划的宗旨是满足我的富裕。我要将所有收入的 1/10 储蓄起来，用于未来的不时之需。马松说："当能做到将自己暂时不用的黄金或银子放在口袋里不动，那么一定可以为他的家人带来益处，从某种程度上说也是对自己国家的效忠。如果只在自己的口袋里保留非常少的铜板，只能说明他对自己的家人、国家毫不关心。"我认为马松说得非常有道理。

没有积蓄同时还欠下债务的人，对于他的家人来讲无疑是残酷的，更谈不上对国家的效忠了，同时他自己的内心也是痛苦的。所以，那些希望大有作为的人，口袋里一定要有富余的积蓄，这样才能从心里去爱自己的家人，并为国家效忠。

第二，此计划的主旨在于使我具备供养家人的能力。从前因为我的无能，不得已投靠了妻子的娘家，如今终于可以回到自己的家了。这也应了马松所讲的，将贤惠的妻子照顾好，会使男人获得尊重，同时更能增强一个男人完成自己人生目标的决心。所以，我赚到钱后，要将收入的 7/10 用于家庭消费，在使家人生活富足的同时，还能有余钱用于其他开销，避免家人遭受生活的折磨。马松特别强调，为了实现我的人生目标，我的累计花销不要超过收入的 7/10 这个上限，这是计划成功的关键。所以，我必须严格遵守家庭消费不超过收入的 7/10 的计划，不多花一分钱，即使是购物也要控制在收入的 7/10 以内。

找到自己的频率，然后安静从容地生活

第二块古老的泥板

第三，此计划的主旨在于让我利用收入的一部分偿还债务。因此，在每次月圆时分，我会将收入的1/5进行诚实、公平地分摊，将钱还给那些愿意信任我且愿意借钱给我的债主。总有一天，我可以将所有的债务都还清。

今天，我将所有债主的名字都刻在这里，还有我所欠的债务：

法鲁，一位纺织商，共欠款 2 个银钱，6 个铜钱；

辛贾，一位沙发匠，共欠款 1 个银钱；

阿玛尔，我亲爱的朋友，共欠款 3 个银钱，1 个铜钱；

詹卡尔，我亲爱的朋友，共欠款 4 个银钱，7 个铜钱；

阿斯卡米尔，我亲爱的朋友，共欠款 1 个银钱，3 个铜钱；

哈林希尔，一位珠宝商，共欠款 6 个银钱，2 个铜钱；

迪阿贝凯，我父亲的老朋友，共欠款 4 个银钱，2 个铜钱；

阿卡哈，房东，共欠款 14 个银钱；

马松，一位钱庄老板，共欠款 9 个银钱；

毕瑞吉克，一位农夫，共欠款 2 个银钱，7 个铜钱。

……（此处起，下部分的泥板字迹存在残缺，识别不清。）

不如不得亦不失，也无欢喜也无悲

第三块古老的泥板

经过仔细核算，共欠了 190 个银钱和 140 个铜钱。我知道我的债务实在是太多了，真的没有能力一下都还清，甚至曾让我亲爱的妻子回娘家投靠岳父，而我自己也被逼无奈地离开巴比伦，到异地他乡寻找可以快速致富的机会……但天有不测风云，我惨遭厄运，最后沦为奴隶，被人贩卖。幸而现在重获自由。

今天，在与马松的交谈中，他告诉我怎样利用收入还钱——部分用来清偿债务。此时我如梦初醒，过去因自己的放任导致债台高筑，却总在逃避现实，这种做法太愚钝了。

醒悟之后，我决定主动拜访所有债主，向他们讲明情况：目前我除了赚钱之外，没有多余的资金偿还债务。我计划将收入的 1/5 进行平分，然后用于偿还各位债主的债务。这是我当前唯一的办法，但是我保证，只要他们有耐心，肯给我时间，我一定会竭尽全力还清所有债务。

阿玛尔，我曾经亲密无间的挚友，但与他的交谈并不愉快，他毫不留情地辱骂了我，我只能含羞离开。农夫毕瑞吉克向我提出了要求，让我最先将他的钱还清，因为他也非常急用钱。房东阿卡哈也让我很难受，说话一点儿不留情面，坚持让我立刻偿还所有债务，甚至还威胁我。

即便如此，我觉得自己还是幸运的，因为其他债主并没有为难我，都接受了我偿还债务的计划，这坚定了我的信心。我深信，持积极、勇敢的心态面对债务总比赖账、躲债更容易，更让人觉得好过。虽然我尚不能完全满足个别债主的要求，但是，我已经与大部分债主达成了一致，这是好的开始。

心似白云常自在，意如流水任东西

第四块古老的泥板

　　又是一个月圆之夜。此刻我已经安心了许多，可以忙碌于自己的工作，我的还债计划也得到了妻子的认同与支持。我开始努力工作，在最近的一个月里，努力为主人——骆驼商纳巴图工作，帮助他买进了质量非常好的骆驼，因此赚到了 19 块银钱。

　　我没有食言，开始按照计划将收入进行了分配。将收入的 1/10 储存起来，将其中的 7/10 全部交给妻子，用于家用，最后剩下的 1/5 被分成若干份，用于偿还债务。

　　一个月之后，我清算自己债务的时候，发现已偿还了 4 块银钱，其中有 2 块银钱被暂时存了起来，原因是未找到债主。因为债务问题，我一直郁郁寡欢，但现在我轻松许多。

　　时间过得飞快，又到了月圆之夜。我时时刻刻都在辛勤工作，丝毫不敢懈怠，但是我的工作业绩并不理想，实在无法找到更多的骆驼完成收购工作，所以，这个月我赚到的钱明显比上个月少了很多，仅有 11 块银钱。

　　虽然我们夫妻二人为了偿还债务，日常仅吃些粗茶淡饭，而且不敢添置任何衣物，但我们仍坚守着偿债计划，即使仅有 11 块银钱，我还是将其中的 1/10 储存了起来，7/10 用作家用，将剩余的 1/5 用于还债。阿玛尔这次居然夸赞我，让我无比惊讶。到现在为止，众多债主中，仅有阿卡哈的态度没有缓和，还是暴跳如雷。当我对他说，如果觉得我的还款太少了，不想要，我可以将所有的债款带回去。这时他妥协了，其他债主还是与以前一样，对我的偿还行动表示满意。

又到了月圆之夜。这次我太激动了，因为老天垂怜，我幸运地遇到数量庞大的俊美骆驼群，为我的主人买下了其中最棒的骆驼，也因此获得了巨额薪酬——42 块银钱。于是，这个月我和妻子终于有一些节余的钱用于购买生活必需品、凉鞋与衣服，并且我们的餐桌上也可以有羊肉及其他禽肉了。

最让我开心的是，此次还给债主们的债务多达 8 块银钱。这次阿卡哈不再抱怨了。这个计划简直太伟大了，因为它真的让我离债务越来越远了，而且我们开始有了自己的积蓄。仔细算来，从我开始刻泥板后，过了 3 个月圆之夜，每一个月圆之夜我都可以存下薪水的 1/10。虽然日常的生活有时还很窘迫，但是，我和妻子始终坚持用收入的 7/10 生活，而且每一次都在按计划取出 1/5 的收入完成部分债务的偿还。

此刻，我已经有 21 块银钱的存款了。这也成了我的底气，我可以在朋友们面前抬头挺胸了。妻子也将家操持得妥妥帖帖。我们有饭吃、有衣穿，这对我们来讲是多么的幸福呀！此项计划确实有其巨大价值和显著成效，他至少改变了我的命运——让昔日的奴隶转变成了一个体面的自由人。

或许静下心来，慢慢沉淀才是最好的选择

第五块古老的泥板

经历多个月圆之夜后，距离我刻泥板已经过了很长一段时间，细细回想，我清晰地记得已经有 12 个月圆之夜过去了。

今天要记录的事特别重要，绝对不能略去不记。因为今天是我即将还清所有债务的日子。

我和妻子都非常激动，我们要为此庆祝，庆祝我的勇气、庆祝我的决心、庆祝我的目标终于实现，还清了所有债务。我清晰地记得，在最后一次找债主们还钱的时候，发生了很多让我今生都无法忘怀的事。阿玛尔非常诚恳，他希望我可以原谅他的过去，忘记他对我的刻薄与谩骂，并且表示可以和我成为要好的朋友。

阿卡哈收起了他那张恶脸。他甚至对我说："你原来就像烂泥般柔弱，可以随便揉捏。但如今你完全不同，已经是足以抵挡利刃的铜块。如果在以后的日子里有需要银钱或黄金的时候，欢迎你随时来找我筹借。"

不仅阿卡哈对我的态度发生了全面转变，甚至我的妻子也对我更加恭敬。她看我的眼神发生了变化，除了原来的爱，还增加了敬佩，这让我感到了从未有过的自豪。

此项绝妙的计划帮助我逐步迈向成功，让我还清所有债务后，还能储存下黄金与银钱。所以，我要急切且真诚地将这项绝妙计划推荐给身边的每一个人，每一个渴望富裕的人，但前提是，必须严格按照计划执行。此计划可以改变一个人的命运，即使他曾是一个奴隶，只要他愿意，完全可以还清所有债务并存下数量可观的金钱，完全可以帮助他人摆脱债务、踏上富裕之路。现在我决定，要一如既往地坚持执行此计划，我很希望成为巴比伦的富翁。

这一路，风雨太大，吹得满眼都是泪，淋得温柔都支离破碎

神奇的第二封信

　　看到这里，考德威尔教授觉得自己的血液已经开始沸腾了，手心也渗出了些许冷汗。他正在思考自己和身边亲朋们往日的理财经历，很多人都曾经受到过理财及债务问题的困扰，但是没有一个人可以提出如此完美的计划，更谈不到后续的有效实施了。

　　考德威尔教授不得不稳定一下自己的情绪，他坚信在这个古老的国度中，一定还隐藏着更有价值的理财忠告与致富秘诀，等待现代人的发掘与开发。考德威尔教授开始自语道："我是不是应该将发掘的这些忠告、秘诀作为我今后的一项重要工作。因为这里所讲述的东西，正是当今人们渴望学习的理财与致富秘诀，无疑，这太有价值了。但是我不知道，这片废墟中是否还隐藏着其他什么神奇的秘诀，它们在现代是否同样适用呢？"

　　经过很长一段时间思考，考德威尔教授还是不能确定。但是他始终被强烈的好奇心驱使着、推动着。最终，他决定在未来的两年里，除了坚持他的遗址发掘工作外，还有意识地收集所有可能与财富有关的泥板。经过收集，他得到了565块各种各样与财富有关的泥板，经过朋友和同事的帮助，确定有 398 块泥板与理财法则、财富故事相关。面对这些泥板，考德威尔教授异常兴奋，同时心中还荡起了一丝惆怅，因为要将近400块泥板完好无损地运抵英国并非易事。

而且与挖掘遗址工作相比，楔形文字的译释并没有那么快。"如果什鲁斯·伯里教授能够和我一起揭开这些泥板的秘密就太好了。"考德威尔教授独自思考着。正当考德威尔教授对译释泥板文字愁眉不展的时候，他收到了来自诺丁汉大学的第二封信，寄信的正是诺丁汉大学的什鲁斯·伯里教授。

考德威尔教授非常兴奋，急切地打开信，努力平复激动的心情后，快速阅读信的内容。

亲爱的教授：

如果您还在挖掘巴比伦废墟，并在此工作中邂逅达巴希尔的灵魂，你无论如何也要帮我一个忙，转达我对他的尊敬与感激。当他把自己的亲身经历记录在泥板上的那一刻，当代英格兰的部分师生已被他记录的经历影响了一生，他是一位值得尊敬的人。

您应该还记得，两年前我在写给您的回信中曾提到，我与我太太打算尝试用达巴希尔刻在泥板上的计划管理我们的生活。在对该计划逐步推进的过程中，我们除了还清所有的债务外，还积攒下了一些钱。尽管我们已经非常理性地向朋友们隐瞒了我们夫妻俩的穷困生活，结果您可能已经猜到了。

很多年以来，我们一直被债务折磨着，屈辱地生活着，担心债主们随时找上门，这让我们夜不能寐，甚至担心债主们会将我们不堪的债务作为丑闻对外宣扬，这会让我无法在现在就职的大学继续任职。尽管我们已经全力以赴地偿还债务，但结果还是那么不尽如人意：不但原有的债务没有减少，而且增加了新的债务。我们被逼无奈地在商店赊欠物品，无法顾及赊回来的物品价格远远超出物品正常价格的现实。也正是如此，我的生活进入了恶性循环，每天都在苦苦挣扎，甚至陷入绝望。我们欠了房东许多租金，所以一直没办法从大房子中搬出去，事实上我们更希望换一个租金便宜的小房子。

当时，身边的一切都令我们绝望，更可悲的是，我们却没有一点儿办法，无力走出这个让我烦透了的窘境。而就在这个时候，亲爱的你，把亲爱的古巴比伦富有的骆驼商达巴希尔介绍给了我，我从他那里得到了长期以来一直希望得到的东西——债务偿还计划。他刻在泥板上的故事给了我们非常大的鼓励，我们的精神也因此振奋，非常愿意尝试遵循他所执行过的计划。所以，我们效仿他，将自己的债务清单罗列出来，并与债主逐一核对。

我按照达巴希尔的方法与债主们讲明了我的还款计划，并告知他们，如果再像这样恶性循环下去，我真的没有办法还清他们的债务，债主们也了解到了我的处境。最后我解释说，这是我唯一的可以还清他们债务的方法：按月从我的薪水中扣除20%，将其均摊给每位债主。按照此计划，我用了两年多时间居然基本还清了我的债务。最让我开心的是，此方法正在帮我逐渐恢复利用现金购物的能力，对方也因此获利。幸运的是，我的债主们也非常宽容。有一位聪明的商人对我提出的还债方法大加赞许。他甚至说："当你可以利用现金购买物品时，说明你已经有还清部分债务的能力了，这个办法比你原来赊账的方式可取得多，你大概已有三年时间没有现金购物的能力了。"

后来，我与所有的债主都达成了协议，每月按期将薪水的20%摊还给他们，他们也不再来打扰我的生活了。

事实上，做出这样的改变就像是在探险。除了可以按照此计划逐步偿还债务外，还能有70%的薪水用于生活保障，这是让我无比开心的事。后来我放弃了我素来爱喝的好茶及一些奢华物品，我惊喜地发觉，原来我们有限的薪金还可以创造出更好的生活。

实施此计划的整个过程会持续很长时间。事实证明，执行此计划也确实很困难，需要时刻克制自己才能实现理财的有效性。在逐步获得成功后，我开始兴奋不已，也许你无法想象，我的债务偿还计划展开得如此有条不紊，而且非常有效地让我摆脱了债务困境。

我现在非常激动，因为我将10%的薪水存了起来，现在我的口袋里真的有了余钱。你能理解我的心情吗？当取消不必要的花销，再将多余的钱储存起来，是件非常有趣且有意义的事，这比将它们花掉更让你感到欣喜和满足。

当我的口袋里有了让我感到骄傲的积蓄后，我也因此看到了更多可以获利的方法。我们始终在用每月固定10%的薪水进行投资。正是这些投资使我完全摒除了旧毛病，养成了好习惯，我为自己的改变而自豪。一起看一看我们因投资而获得平稳增长的利润吧，从此我有了安全感。本学期末已经临近，从这次投资中获取的红利可以让我们过上想要的生活。那时，我们的生活将彻底改变——凭借投资获利快乐地生活。

这与我以往仅依靠微薄薪水度日相比，有着太多的不同。我知道整件事看起来很令人不可思议，但是请相信这是千真万确的。我们的债务已经快偿还完了，但我们的投资还在持续。除此之外，我们也获得了较多的理财知识。理财计划的执行，彻底改变了一个人的生活质量。年底，我们不但会和所有债主告别，还会拥有更多的余钱用于投资，生活质量越来越高，终于可以去旅行了。即便如此，我们还是决定：所有的花销都不超出收入的70%。你应该已经理解到，这就是为什么我要向达巴希尔表达感激之情和敬意了吧！他刻在泥板上的理财计划彻底挽救了我们，并给予了我们全新的生活！

我知道，达巴希尔非常明白这一切，因为他也是受过债务折磨的人，他非常希望后人可以从他的遭遇中吸取教训。如果不是那样，何必将自己的故事刻在泥板上呢？他希望所有与自己有同样遭遇的人可以有新的生活。距离达巴希尔生活的年代已5000多年，但从巴比伦的废墟中挖掘出的理财法则在当今的理财中同样适用。正是因为这样，结合我的工作和财务状况，加之伦敦《每日电讯报》愿意为我提供的资助，我决定明年一开春就到巴比伦去，投身到挖掘整理这些弥足珍贵的致富法宝的工作中去，希望你相信，我们未来的合作会非常愉快，并能获取巨大的成功！

什鲁斯·伯里

看完最后一个字，考德威尔教授感觉自己的心已经提到了嗓子眼，似乎要从口中蹦出来。这样的好事来得太突然了！什鲁斯·伯里教授亲身经历的故事，是对这些古老法则具有超凡力量的有力佐证，同时也彻底解开了让他疑惑两年之久的疑问。这些理财法则对现实的意义究竟有多大？他再次阅读了什鲁斯·伯里教授的来信，回头望着那高高堆起如小山般的泥板，脑海中开始浮现出一个场景，隐藏于泥板中的故事究竟会向外界传达怎样离奇的信息，而这些故事中又蕴含了多少秘密呢？

　　随着事情的发展，相信你已经可以猜到。当什鲁斯·伯里来到巴比伦之后，两位教授开始夜以继日地工作，探寻着每块泥板中的秘密。工作让他们如痴如醉，也许是他们的真诚感动了上帝，终于又有奇迹出现，他们居然通过那些废墟和泥板，成功"复活"了巴比伦王国最富有的人，以及他们使用的独到的理财法则。在两位教授的努力下，他们将隐藏于泥板中的财富法则挖掘了出来。

看喜欢的风景，和不累的人相处

第一条忠告：要有勇气面对债务

侥幸心理要不得。面对债务时，一定要坚定信心，相信偿还债务比逃债、赖账更可行，也更能获得人格的尊严。

大胆地与债主们协商沟通，通过坦诚交谈，让他们清楚地知道你的处境，并与他们建立口头或书面形式的还款协议。

首先要做的是将全部收入的 7/10 用于家庭开支，以确保自己和家人可以正常生活，这也是你对家人表达爱的方式，由此也承担起了你应当担负的责任。

如实地把所有收入的 1/5 平均分为若干份，偿还给每一位债主。在履行偿债承诺过程中，要坚定、坚定、再坚定，毫不动摇，债主们可以通过你的行动看到你的决心，并理解和夸赞你的行为。

将所有收入的 1/10 储存起来，一段时间后，你会发现自己也拥有了余钱和可用于投资的资金。

要时刻谨记量入为出的原则，对自己严苛，无论如何都不要让消费超出收入的 7/10，即便是在后续还清债务的日子里。

渐渐地成为每天只为生活奔波的人

第二章 奴隶到富翁的逾越

对自己严苛

一个人处于饥饿时，他的神志才能更加清醒，更能体会到食物原本的味道。阿祖尔的儿子塔卡德此时此刻一定是这么认为的，因为他已经两天没有进食，仅吃了两颗来自别人家花园的无花果，他还想获得第三颗，但没那么幸运，他被气急败坏的主人赶到街上。当塔卡德狼狈地穿过集贸市场，耳边依然可以听到妇人刺耳的辱骂声。这声音让他不敢再对市场里的商贩们抱有其他想法了，即使他已经非常饿。

塔卡德从来都没弄懂过这些水果是怎样到达巴比伦各个集贸市场并被售卖出去的，也从未发觉食物的味道如此让人无法抗拒。他一个人沮丧地离开市场，驻足在一家小客栈门前。他在门口来回地踱步，心中非常急切，他希望在这里可以碰到自己认识的人，可以借一点钱，让老板友善一些。如果是那样，可就帮了他的大忙了。他现在身无分文，所以没有哪个老板肯给他笑脸。

正当他陷入绝望的时候，他居然撞见了自己最不愿意见到的人，这个人不是别人，而是骆驼商达巴希尔。塔卡德已经欠了很多人的钱，达巴希尔也是其中的一个，而且达巴希尔非常明确地告诉他，要信守承诺，尽早还钱，但是塔卡德始终没能履行自己的承诺。

见到塔卡德，达巴希尔的眼睛亮了起来，开始和他打招呼："嗨！塔卡德，我一直在寻找你，可以将一个月前借我的铜钱还给我了吗？还有更早借给你的一块银钱。今天我一定要将所有的钱讨回来。"塔卡德不禁浑身开始颤抖，脸憋得红通通的，加上他实在太饿了，根本没有多余的力气与达巴希尔大声争吵。他低声说道："我，真的很抱歉，现在真的没有钱可以还你。"

达巴希尔开始咒骂他了："你真的无法存下几个铜板或银钱吗？连你父亲的老朋友也这样拖下去吗？不要忘记，你最难的时候是他们信任你、帮助你的。""我不是不想还钱，实在是运气不好，所以……"

"运气不好，亏你说得出来，你自己软弱怪得了谁呢？你分明就是只想借钱而不想还钱。你跟我来，我要去吃饭，同时要给你讲个很有意义的故事。"

达巴希尔的话讲得很没情面，塔卡德已经胆怯至极，真希望可以找个地缝钻进去。可是达巴希尔已决定请他一起到客栈用餐，这对于饥饿的他来讲是件极好的事。达巴希尔将他带到了餐厅最里边的角落，并找到一块小地毯坐下。此时，客栈掌柜考斯柯已经微笑着迎了过来，达巴希尔很在行地点了羊腿餐，并特意告诉老板弄些凉水。

塔卡德听到了达巴希尔的话，心里猛然向下一沉："他不会让我喝着凉水看着他吃肉吧？"一时间他不知道该说什么好了。此时的达巴希尔似乎很不在乎他的心情，与其他客人聊着天用着餐。

达巴希尔吃饱后对塔卡德说："我听闻一位去过乌尔发的游客讲，有一位富翁有块打磨得非常薄的石头，薄得几乎透亮，他把石头镶在自家的窗户上，用来阻挡风雨。我还听说，这块石头本来是黄色的，有次他透过石头看到了窗外的风景，从此他知道：这块石头可以向人们呈现完全不同的世界，透过石头可以看到世界的神奇。塔卡德你怎么看这件事？我好想去看看，人能看到完全不同的世界吗？"

塔卡德似乎完全没有将达巴希尔的话听进去，他被羊腿饭牢牢地吸引着，哆嗦着回答："我，我只想说……"

达巴希尔并没有等他把话讲完就直接说道："我相信他的话，因为我眼中的世界也不同。我给你讲这个故事的意思是，如何再次用自己的眼睛审视世界。"

坐在一旁的人开始小声议论："达巴希尔要讲故事？"他们开始留心这边的谈话，甚至将座位搬向了他们地毯的位置。离得比较远的客人则直接将食物一起带了过来。众人不自觉地在达巴希尔身边围成一个半圆。他们似乎没有人在意塔卡德，毫无避讳地大声咀嚼着食物，油汪汪的羊骨头不断地在塔卡德眼前晃来晃去，让塔卡德非常难受。大家边听故事边吃东西，只有塔卡德例外。达巴希尔没有一点儿要向他分享食物的意思，甚至连小角面包都不想施舍给他，塔卡德直勾勾地看着面包屑从盘子里掉在地板上。

人生的快乐不在于占有什么，而在于追求什么的过程中

来自希拉的忠告

　　达巴希尔突然停止了讲话。众人不知何故，都满眼期待地望着他，大家都不说话。达巴希尔嚼了一口食物，继续说："在那种情形下，我好似等待宣判的囚犯，简直生不如死。面对两个冷酷的女奴隶主，我不知所措。不知过了多久，希拉面无表情地说出了自己的看法。"她说："阉人我们不缺，但是骆驼夫明显不够，这些人基本和废物没什么两样。今天我想回娘家看望我生病的母亲，但是我缺少一个可信的拉骆驼的奴隶。问问这个奴隶会不会拉骆驼。"

　　主人开始询问我："是否懂得驾驭骆驼？"

　　我已经按捺不住心中的喜悦，迫不及待地回答："我懂得让骆驼蹲下来，也懂得让它们驮运货物，带着它们长途旅行。如果需要，我还可以修理骆驼鞍套上的配件。"

　　主人随口回答："这个奴隶应该懂得不少，希拉，你怎么看，可以让这个奴隶暂时充当你的骆驼夫吗？"

　　自此，我就跟着希拉了。当天领着她的骆驼开始了长途旅行，她也顺利回到家探望了她的母亲。途中我找机会感谢了她，请求她代我向主人求情，并告知她我并非一直就是奴隶，我的爸爸是巴比伦非常尊贵的马鞍工匠。除此之外，我还向她讲述了其他关于我的事情。她的回复让我非常震撼，这段话一直在我的脑海中回荡。

她说："你之所以会沦落到今天，是你的软弱所致，既然如此，你还有什么资格说自己不是天生的奴隶？要知道，每个人的内心都有懦弱和惰性，受这个因素的影响，不管是怎样的出身，终究还会沦为奴隶，就与水往低处流是一个道理。但当内心渴望自由、向往成功时，无论遭遇何等不幸，都会努力拼搏，赢得他人的敬重，难道不是吗？"

在接下来的一年中，我的奴隶命运并没有改变，我还是混在奴隶堆里，但无法成为像他们那样的人。有一天，希拉忽然问我："每日黄昏后，所有的奴隶都在一起玩乐，你为什么总是待在帐篷里？"

我回答："我一直都在思考你对我说过的话。我也在问自己，我是不是从未做过真正的奴隶？我与这些奴隶不同，所以，我坐在这里。"

她迟疑了一会儿，向我吐露了心中的秘密："我也一样，跟其他的妾格格不入，常常会独自坐着。我出嫁的时候嫁妆非常多，我丈夫娶我无非就是想得到我的嫁妆，其实他并不爱我，但是作为女人，一生渴望的无非就是被爱。此外，我没有生育能力，直至今天都未能给他生个孩子，所以我只能远离她们。如果我是个男人，与其成为任人驱使的奴隶，还不如死掉。在我们部落，做女人和做奴隶没什么两样。"

我突然提高嗓门问她："你现在怎么看我的？我是没有思想、没有灵魂的奴隶吗？我可以做个自由人吗？"

她并没有回答我的问题，而是问我："你想将你所有的债务都还清吗？"

"当然想，但是我没有办法。"

"如果你这样任由时间流逝，不思考偿还债务的办法，那你就有了遭人唾弃的不自重、不自爱、拖着债务不还的奴隶心态，其他人看你会与看待奴隶没什么区别。"

"我身陷叙利亚，而且成了一名奴隶，我还能做什么呢？"

"好吧，你就继续做一个没有思想、没有灵魂的奴隶吧！在你骨子里你依旧是个软弱卑俗的男人！"

我开始愤怒，反驳道："不是这样的，我并非软弱卑俗的人！"

"说有什么用，用你的行动证明给自己和他人看呀！"

"如何证明呢？"

"你生在伟大的巴比伦王国，没有对抗敌人的办法吗？对于你来讲，你的敌人就是债务，它让你背井离乡，你却向它低头，心安理得地在这里做起了没有思想、没有灵魂的奴隶，这种懦弱与惰性会在你心里不停滋长的，直到你的生命枯竭。征服它们呀！为什么不与它们作殊死的搏斗，重新做回值得尊敬的人？由于你自始至终都没有想过与它们搏斗，所以，你至今还是个奴隶。"

心无贪念便有馈赠，满怀期待必有所失

做有思想有灵魂的自由人

　　希拉的话很刻薄，一直在我脑海中回荡。我开始思考如何证明自己不是一个没有思想没有灵魂的奴隶，并让希拉明白我是怎样一个人。可我始终找不到机会向她澄清。

　　三天过去了，我终于见到了希拉。希拉对我说："我母亲生病了，我准备选出两匹最强健的骆驼，长途跋涉回去看看。侍女已经准备好了食物，我也已经备好了骆驼。"但我不知道侍女为什么要准备那么多的食物，因为路程只不过一天而已。

　　我走在前面拉着骆驼，当我们到达目的地时夜幕已经降临。希拉支开侍女严肃地对我说："达巴希尔，如果你真的想做有思想有灵魂的自由人，此刻是证明你自己的时候了，你知道应该怎么做。你的主人已经醉得不省人事，你完全有机会拉着骆驼逃走！袋子中装满了主人为你准备的华丽服饰，我可以对你的主人说你在我回娘家探病途中偷走骆驼逃跑了。"

　　我非常感动，对她说："你有皇后般高贵的灵魂，我盼望你可以幸福。"她非常平静地答道："私奔的人没有幸福可言。勇敢地走你自己的路吧，愿沙漠众神保佑你，毕竟你面临的是一片沙漠，也没有更多可以饱腹或解渴的食物与饮水。"我并不想勉强她，我非常感激她对我的好意。趁着夜色，我从陌生的国度中逃了出来。

我不知道怎样才能回到巴比伦，只是骑着骆驼（身旁还有一匹）一直无畏地向前走着，一刻也不敢停歇。我非常清楚，奴隶偷盗外逃后的下场只有一个——死！

三天过去了，我来到一个崎岖之地。这里到处是尖凸凌厉的岩石，两匹骆驼的脚底也磨破了，但它们依旧忍着疼痛缓慢前行着。沿途没有人烟，这并不难理解，人不会生活在荒凉至极的区域。

又过了几天，我开始步履蹒跚，所有的食物和饮水都用完了，骄阳火热地炙烤着我的身体……第十天，我因为体力不支从骆驼背上滑落了下来。我已经没有力气骑上去了，当时，我想也许我会死在这里……

直到第二天我才慢慢苏醒。我用尽全力坐了起来，环顾四周，清晨的空气让人感觉冰凉，两匹累极了的骆驼也躺在地上不肯动了。

我自问：我的生命会结束于此吗？饥饿、口渴、炎热让我浑身上下疼痛难耐，我的头脑却十分清醒。我努力眺望着毫无风景可言的远方，自问道："我究竟是不是没有思想没有灵魂的奴隶？"些许，我有了感悟："如果我真的是没有思想没有灵魂的奴隶，那么我会放弃求生的欲望，等待外逃奴隶的下场。但是，既然我是个有思想有灵魂的自由人，就必须拼尽全力回到巴比伦，偿还全部债务，让那些曾经信赖我、愿意帮助我的人，包括我最爱的妻子过上好日子，不让他们难过，给他们带来快乐。"

不要像个落难者，告诉别人你的不幸

债务是你的死敌

希拉对我说过，债务是我最大的敌人，是它们让我背井离乡的。希拉是对的！我为什么不能做一个顶天立地的男子汉呢？我又怎么能允许我深爱的妻子回娘家去投靠她的父亲呢？

一个奇妙的现象发生了。通常我都是透过有色石片观看这个世界的，好像世界的颜色会变。但此时，有色石片不见了，我清楚地看到了世界原本的颜色，朗朗的天日下，我认清了人生的真切意义与价值！

死在沙漠里不应是我的结局！换一种眼光看世界，我清楚地认识到：回到巴比伦，直面所有曾经相信过我、帮助过我的债主！坦诚地告诉他们这些年我经历了什么。现在我回来了，这也许是众神的赐福。我非常渴盼早些偿还所有的债务，为我的妻子重新打造出一个全新的家，好好生活，并成为一个值得父母自豪的人。时刻记住债务是我的敌人！对那些借钱给我的朋友来说，我心中充满了歉意。

终于，我拖着疲惫的身体站了起来。饥饿、口渴算不了什么，只不过是我返回巴比伦途中的考验，让我向往自由的意念更加强烈。我急切地想回到巴比伦，战胜我的敌人——债务，报答我的亲朋挚友。这些念头顿时让我充满了力量，两匹昏眩迷蒙的骆驼听到我坚定有力的呼喊后，眼睛也亮了。它们站了起来，凭借仅存的耐力与我一路向北。此时我只有一个坚定的信念：一定要回到巴比伦！

不久，我找到了水。走了没多久就到了有肥沃土地的地方。那里有茂盛的草木和果子，我也终于找到了通往巴比伦的路。回想起路上的经历，我相信，是向往自由的意念庇护了我，因为向往自由的意念认为，人生必须要经历坎坷与考验，而奴隶的懦弱与惰性只会让人向困难低头认输。

说到这里，达巴希尔突然提高声音问道："塔卡德，你怎么看呢？饥饿是否可以让你变得清醒？你是否想赢回自尊？你眼中的世界是什么颜色？无论你有多少债务，你是否愿意老老实实地偿还债务呢？你是否愿意成为值得巴比伦人尊敬的人呢？"

此刻的塔卡德已经泪流满面……他满怀激情地大声回答道："达巴希尔，你为我讲述了终生难忘的一课，带我看到了一个不一样的世界。我能感觉到我的意念正在渴望成为一个有思想有灵魂的自由人。"

一个听得意犹未尽的听众虔诚地问道："那么您后来又是如何偿还所有债务的呢？"

达巴希尔没有片刻思考，回答道："有志者事竟成！当时我痛下决心，并开始四处探寻出路。首先，我真诚地找到当时肯借钱给我的债主们，恳请他们宽延还款时间，给我赚钱的机会，让我用赚到的钱偿还他们的债务。有些债主毫不留情面地辱骂了我，但大部分债主还是愿意再次相信我、帮助我的，其中有一位债主甚至给了我忠告，他就是专门做出借黄金生意的马松。

"他知道我曾在叙利亚做过骆驼夫，所以他将我推荐给骆驼商人老纳巴图。那时，巴比伦国王正全权委托他购买大量俊美的骆驼。后来我跟着老纳巴图，所有与骆驼相关的知识也派上了用场。我开始按照计划逐步偿还债务，最后，我成功了，而且成了值得他人敬重的人，是真正意义上的自由人了。

"偿还债务的具体方法我已刻在五块泥板上，欢迎你们随时拿去仔细阅读。"

达巴希尔看向他的食物，高声对掌柜说："考斯柯，你的动作太慢了，我的食物都凉了，能快点给我烤些好的新鲜的羊肉吗？给塔卡德也上一份特大的羊肉餐，他已经非常饿了，现在，他可以与我共同享受美食了。"

至此，达巴希尔已将自己富有哲理的传奇故事讲完了。这个故事告诉我们：无论什么人，只要掌握了智者的伟大哲理，就等于找回了自由人的精神与意念，就可以成为一个有思想有灵魂的自由人。

经过实践，这些哲理帮助和引导很多人成功摆脱了债务的困扰并获取了财富。这些真理必定还会帮助更多的人，只要他聪明且有悟性和信念。

希望这个夏天被偏爱，日子清澈灿烂

第二条忠告：唤醒你的致富潜能

　　当你无法看到世界真实的色彩时，可能已经被蒙蔽了心智，被假象所蒙蔽。许多人的日常花销没有节制，最后导致入不敷出，他们的内心通常都充满着怯懦，最终也只能自食苦果，陷入困窘与羞辱中，最终难逃沦为卑微奴隶的命运。当一个人的内心拥有了成为自由人的灵魂时，无论他的人生有多么不幸，他都能坦然面对并且赢得他人的敬重。

　　拥有了成为自由人的意念与向往，再拥有惊人的毅力与坚定的信念，面对困难时除了勇敢，还有能成功处理所有问题的能力。当心中还存留着奴隶的懦弱与惰性，最终的结果只能是哀叹。

　　面对困难，回避或放任它，它就会越来越大，会逼得你背井离乡失去尊严。而当你睿智地选择与之搏斗时，就可以战胜一切，赢回尊严。

你能以任何方式改善现状

第三章　勤劳是致富的基础

纳达的计划

巴比伦商界有一位非常受人尊敬的富商——萨鲁·纳达。此刻的他正骑着一匹高头大马带领着豪华的商队前行着，甚是威风。萨鲁·纳达在衣着上有个偏好，喜欢体面且舒适、做工上乘的衣服，此外，他还喜欢品种优良的马匹，与马相伴。看着神气的他，没有人知道他早年的痛苦遭遇。每次出行，他都需要从大马士革回到巴比伦，整个路途非常遥远，而且要穿越沙漠。最危险的是，沿途的阿拉伯部落土匪会经常打劫来往的富庶商队。但是萨鲁·纳达并不担心这些，因为他雇有彪悍的保镖，安全上不会出现问题。

如果说萨鲁·纳达当前还有什么比较忧心的事，那就是从大马士革开始就一直伴随在他身边的年轻人哈丹·古拉。他是萨鲁·纳达原来的商场伙伴，准确地讲，是其恩人阿拉德·古拉的孙子。萨鲁始终认为，自己一辈子都无法回报阿拉德对自己的深情厚恩，所以，他希望可以通过照顾其孙子哈丹的方式表达对朋友的谢意。这个年轻人却与他格格不入，他也想不出什么更好的办法。

哈丹戴着戒指、耳环等饰品，俗丽的装扮与他的爷爷完全不同。萨鲁之所以带他出来，就是希望可以帮助他奠定基业，从而帮助他父亲尽快走出负债的阴霾。萨鲁·纳达一边看着路边的风景一边沉思着。

　　这时哈丹打断了萨鲁的思绪："你为何会选择如此艰辛的工作，带着商队长途跋涉，你难道不知道享受吗？"萨鲁笑了笑回答道："如果你成了现在的我，你如何享受人生呢？""如果我像你一样富有，我每天会过着王子般的生活。我才不要在沙漠中浪费时间，我会将我的钱都用在享受上，穿漂亮衣服，拥有华贵的首饰。"哈丹说完，两人笑个不停。

　　萨鲁善意地提醒道："你和你的祖父很不同，他可从来都不穿戴珠宝。你从来就没想过要工作吧？"

　　哈丹似乎想都没想，脱口而出："当然，工作是奴隶们做的事。"

　　萨鲁本来还想再说点什么，但还是没说，而是将马队引到一个小坡上。他调转了马头，面向远处的山谷对小伙子说："你看，我们马上要进入山谷了，远远地就可以看到巴比伦的城墙了。看见高塔了吗？那是贝尔神殿，如果你的视力足够好，还能看到贝尔神殿屋脊上永恒之火的烟尘。"

　　哈丹回复道："那就是巴比伦城吗？我非常渴望亲眼看看这个所谓的全世界最富裕的城市。巴比伦是我祖父白手起家的地方，如果他现在活着就好了，那样我们的生活可能会很富裕。"

　　萨鲁说道："你为什么这样想呢？你没有想过继承他老人家的遗志吗？""唉，我和我的父亲都不具备祖父的天赋，我们都不擅长赚钱。"哈丹叹气道。萨鲁·纳达再次沉默了。他再次调转马头，若有所思地骑着马走下坡道继续前行。他的商队紧随其后，一路上扬起了沙尘。

没多久，他们来到了通往巴比伦王国的大道，然后转向南方，最后穿越灌溉的水田。

水田中，有三位正在农耕的老农夫引起了萨鲁·纳达的注意，萨鲁感觉他们既熟悉又陌生。他自己都觉得可笑，40多年都未到过这片水田了，如今故地重游，难道还会见到40多年前的那些耕者吗？然而萨鲁的直觉告诉他，是的，这些农夫就是 40 年前的那批人。就在此时，其中的一位农夫因为手掌疼痛，扶着犁把歇息了。另外两人还在费力地跟在公牛旁，拖着沉重的脚步辛勤地犁着地。他们用木棍拍打着牛背，试图让它快点，可是效果并不明显，耕牛依旧懒洋洋、慢吞吞的。

40 年前，萨鲁非常羡慕这些农夫！那时他非常希望自己也能像他们一样，但是，几十年过去了，今天的一切已经完全不同：如今的他很神气，回望自己的商队，十分有成就感。经过他反复精选的骆驼和驴子正满载着从大马士革运回的珍稀货品……这仅是他财富的冰山一角。

他指了指犁田的农夫对哈丹说："这些人与 40 年前相比，没一点儿变化，他们始终没能走出这块田地。""看起来好像是这样，但是你又怎么认定他们就是40年前的农夫呢？"哈丹问道。

萨鲁此刻非常明白，与他解释是白费力，所以答道："我曾经见过他们。"萨鲁·纳达开始回忆过去40年间的事，那些事让他至今难以忘怀。突然，他眼前闪现出了阿拉德·古拉友善的笑容。一瞬间，他与身边小伙子的隔阂荡然无存。该如何正确引导面前这个满脑子都是享受、都是挥霍思想的年轻人呢？要工作，他并不缺少机会。但是，对于那些不想工作、只想享乐的人来说，再多的机会也没用。他觉得自己亏欠阿拉德太多了，特别希望可以通过帮助他孙子的方式报答他。

突然，萨鲁·纳达的大脑里闪过了一个念头，但接着又犯起了难。因为他要考虑自己的家庭及自己在社会上的地位。这些念头似乎有些残忍，甚至令人痛苦。但是萨鲁·纳达一向都是当机立断的人，他果断地抑制了内心的所有反对意念，决心放手一搏。

他问哈丹："你是否想听听你有钱的祖父是如何与我合作，最后又是如何走向富裕的？"

年轻人并没有遮掩，直截了当地说："你只需要告诉我你们是如何赚到钱的就足够啦，我只想知道这些。"萨鲁并没有理会他，而是开始讲述："最初，这些农夫都在这里耕种，当时我很年轻，一起务农的人中有一个名叫梅吉多的人，他一直以来都在嘲笑农夫粗陋的耕种方式。

"当时我与梅吉多被枷在一起。他讲述了他的看法，觉得农夫们都太懒散，并没有认真握紧犁把。他们这么做怎么能有收获呢？"

听到这里，哈丹露出了惊讶的神色，开始追问道："怎么可能？你说你当时是与梅吉多被枷在一起的？"

"没错，我们两人被一把铜制的镣铐套着脖子，中间还有一根长链。梅吉多旁边还枷着另外一个人，他是偷羊贼萨巴多，我是在哈容与萨巴多相识的。枷锁最边上的人，被我们称为海盗，因为没人知道他的真实姓名。大家都觉得他很像一个水手，他的胸脯上刺有清晰的蛇形刺青，当时很多水手都喜欢这样的文身图案。那个时候，我们被结结实实地枷成一排，四个人需要同时并排行走。"

哈丹满脸惊愕，完全不相信，再次怀疑地问道："你是说你曾经被当成奴隶枷起来吗？"

"难道你祖父没有和你说过我曾经是一个奴隶吗？"

"我祖父经常提起你，但我从未听他说过你曾经是奴隶。"

萨鲁·纳达盯着哈丹说道："你的祖父真的是个很值得信赖、可以将所有秘密都托付给他的人。你是他的孙子，你也应该是我可以信赖的人吧？"

哈丹很坚定地说："你可以完全相信我，我是不可能对外人说的。但是我真的无法相信，能告诉我你是如何摆脱奴隶的命运的吗？"

萨鲁耸了耸肩说道："事实上，所有人都可能发现自己的奴隶本性，但并不一定真的是做苦力的奴隶，而很可能是某种东西的奴隶。例如，我曾经被赌场和啤酒奴役过。我有个哥哥，他做事一向鲁莽，甚至我都成了他的受害者。他曾经在赌场的争斗中失手杀死了他的朋友，我父亲因此而拼命攒钱为他打官司，希望我哥哥不被起诉，并将我抵押给了一位寡妇。可是，我父亲没有足够的资金将我赎回去，这位寡妇非常生气，于是将我卖给了奴隶贩子。"

哈丹开始激动起来，甚至抗议道："这太不要脸了，真是没有公平可言，但是，你又是如何重获自由的呢？"

"不要急，我会讲到这儿的。"萨鲁·纳达说，"当时我们正经过那群懒惰的农夫身边。他们都在嘲笑我们，其中有一个农夫甚至将其破烂不堪的帽子摘下，故意朝着我们鞠躬行礼，并大声说：'巴比伦欢迎你们，尊贵的客人！'在他的嘲讽下，这群人不禁大笑了起来。

"海盗因此而愤怒，开始咒骂他们。我问他：'为什么他们会说国王正等在城墙那边宴请我们？'他回答:'意思就是让我们去城墙那边挑砖块，直到你累死或是在折腰断背之前就被国王的部下打死。我是不会让他们打的，只要他们动手，我就跟他们拼命。'

"此时，梅吉多板着脸说：'我认为，任何一个主人都不会让辛勤劳作的奴隶被打死。事实上，他们都非常喜欢勤劳的奴隶，也一定会善待这样的奴隶的。'萨巴多此时也显得愤愤不平：'又有谁会心甘情愿地辛苦劳作呢？就连那些看上去老实巴交的农夫也都是明哲保身的家伙，他们才不会累到脊背伤断。他们的勤快是装出来的，不过是在此混日子而已。'"

希望日子安稳且充实，被喜欢的事情填满

偷懒是不对的

"梅吉多立马反驳道:'你根本就不应该偷懒。如果你犁完了一公顷地,主人会知道你的表现,当然,如果你只犁了半公顷地,主人也会知道你在偷懒。我向来不偷懒,也非常喜欢工作,会把工作做得非常完美。勤劳工作可以让我获取很多美好的东西,如农田、母牛及许多农作物等。'

"萨巴多轻蔑地说:'没错,但你所谓美好的东西又在哪儿呢?还不如聪明些,同样可以有钱赚,何必勤苦卖力地劳作?如果我们都被卖到城墙边,我一定会被分派去挑水,或是做其他轻松的工作。但是你不同,一个喜欢工作的奴隶,一定会被分派去挑沉重的砖块直至累死。'他边说边嘲笑着梅吉多。

"那天晚上,一种莫名的恐惧久久缠绕着我,甚至让我彻夜难眠。与我在一起的其他人早早就入睡了。我凑近警卫的界线绳,故意引起了警卫戈多索的注意。戈多索以前当过阿拉伯的强盗,凶恶残忍,如果他瞄上你的钱袋,一定会掠夺甚至还会掐断你的喉管。

"我小心地询问道:'戈多索,麻烦你诚实地告诉我,如果我们到了

巴比伦，真的会被卖到城墙边吗？'

"他非常好奇地反问道：'你怎么会打探这件事？'我哀求道：'你真的不明白吗？我现在还很年轻，希望能活下去，我不想在城墙边死去，更不知道我能否有机会遇到好的主人。'

"他压低声音回答：'我可以明确告诉你，你很好，从来都没有给我找过麻烦。通常讲，你们先要被带到奴隶交易市场，你听好了，如果买主过来，你一定要主动告诉他，你是个非常能干且勤劳的人，并表现出你的诚恳，说服他们出钱来买你。如果你的游说失败了，第二天就很有可能去城墙那边挑砖头了。所以，你应该知道勤快是多么伟大了吧！'

"戈多索离开后，我安静地躺在温热的沙地上，望着星空思索着如何勤快工作。梅吉多说过很多次，工作与自己是好朋友！我一直在思考他的话。工作真的是我最要好的朋友吗？勤快真的可以帮助我摆脱悲惨的命运吗？如果真的是那样，它理所当然是我的朋友了。

"梅吉多从睡梦中醒来后，我小声地将这个消息告诉了他。这是我们迈向巴比伦的曙光。当天下午，我们到了巴比伦城墙边。那里有很多奴隶，密密麻麻的像蚂蚁一样不停穿梭在陡斜的坡路上。我们看到成千上万的奴隶在做苦力：有的挖护城河，有的将沙土灌进泥砖，但大多数人都在慢慢地挑着成筐的砖块在陡坡上艰难地行进着。

"监工们大声咒骂着动作缓慢的奴隶，并用鞭子猛力地抽打着他们。一些疲惫不堪的奴隶步履蹒跚；有些体力不支的直接瘫倒在地。有些人即使被鞭笞，也再没站起来，等待他们的是被逐个丢进坟墓。目睹这一切，我控制着颤抖的身体在想：如果我父亲最终不能将我赎回去，那么他的儿子很可能会像其他奴隶一样悲惨凄凉地死去。

"戈多索说的都是真的。我们被人带着穿过城门，集中关押在奴隶牢里，次日再被关进奴隶市场的围栏中。在这里，所有的奴隶都非常害怕，不断拥挤着，只有守卫的皮鞭才能让他们向前挪动，让前来购买奴隶的买主观看。梅吉多与我都非常盼望有机会可以与买主交流。

"奴隶贩子先是带领着国王卫队的军官们挑选。他们选中了海盗，当士兵给他上铐时他拼命反抗，士兵用鞭子狠狠抽打了他。海盗被带走后，我心中说不出有多伤感。

"梅吉多也非常害怕，因为马上就要轮到我们了。但是没有一个买主靠近我们。梅吉多安慰我：'很多人厌恶工作，并且把工作视为仇敌。你不要在意工作的辛苦与艰难。当你心里憧憬盖漂亮的房子时，又怎么会在意搬动沉重的栋梁，又怎么会觉得挑些水回来辛苦呢？答应我，如果你有幸被买走，你一定要竭尽全力地为你的主人做好工作。哪怕他并不感激和欣赏你，你也不要介意。请牢记，你的首要任务是将主人吩咐的工作做好，并有余力帮助他人，也请相信，你的出色表现会让你成为幸运的人。'梅吉多没再多说了，因为此时有一位粗壮的农夫来到了我们的围栏前，他仔细地打量着我们。

"梅吉多开始向农夫询问与农田、收成相关的事，之后便开始说服他买下自己。经过几番讨价还价，农夫买下了梅吉多。

"那天早上有很多奴隶被买走。到了中午时分，戈多索过来告诉我，奴隶贩子已经开始烦躁了，他们应该不想再等到明天晚上，所以，很可能在今天傍晚将剩下的奴隶全部交给国王的部下。我有些绝望了。正在这时，一名看上去不那么凶的胖师傅来到我们这边，开始询问奴隶中有没有面包师傅。

"我马上站出来说：'您看起来像是非常棒的面包师，为什么会到这里找帮手呢？找一个用心学做糕饼的人，应该比找现成的面包师傅更容易。所以，您考虑一下我，我很年轻，有的是力气，最重要的是，我非常愿意为您工作。如果您能给我机会，我将竭尽全力帮助您赚到更多的钱财。'

"我的自我推荐效果不错，他对我印象深刻，开始与奴隶贩子讨价还价。从未注意过我的奴隶贩子此时将我夸得像准备卖给屠夫的肥牛一样。值得庆幸的是，交易达成了，我如愿以偿地和我的新主人离开了奴隶市场。我一直在想，我可能是全巴比伦最幸运的人了。"

别因为琐事闷闷不乐，你回头看看，在不知不觉中已走过多少苦难

赚钱的基础是努力工作

"我非常喜欢我的新家。我的新主人叫纳纳奈德，他很好相处，甚至亲自教我如何使用研磨小麦的石磨，如何生起灶火及制作面包。我被安排在谷粮仓中的小床上。老奴婢史娃丝蒂也非常友好，经常会煮一些好吃的东西给我，因为她很满意我每天都能帮助她做粗重的家务。

"在这个新家，我终于有了期盼已久的机会，可以在主人面前证明自己是个有用的人，同时也非常希望有一天能够通过可行的途径为自己赎回自由。

"经过虚心学习，我逐步学会了揉面团、做面包、烘焙面包。我积极学习的态度让主人非常开心，他认真教我，给我传授经验与技巧。掌握了这些技能后，我又向他学习如何烘焙蜂蜜蛋糕，而且一学就会。之后，制作和烘焙的工作就由我独立操作了，主人开心时我还可以休息一会儿。但是史娃丝蒂却不这么认为，她觉得没有工作不管对谁来说都不是什么好事。

"我感觉时机已经成熟，应该考虑如何赚钱了。我开始计划赎回自由，设想做好面包、糕饼后如何利用剩余的时间去赚钱：多做一些蜂蜜蛋糕拿到街上兜售。纳纳奈德应该会允许。

"我将计划告诉纳纳奈德并征求他的意见：'如果我在完成您的工作后，利用休息时间出去赚些钱用于购买自己想要的、需要的东西，并将所赚的钱分一部分给您，可以吗？'

"他赞同了我的想法。当我准备上街向行人兜售蜂蜜蛋糕时，他格外开心。我们商定：以一份蛋糕两块钱的价格售卖，所赚之款，一半用于支付材料的费用，另一半两人平分。

"纳纳奈德的慷慨出乎意料，当然，我也很开心：他同意给我 1/4 的收入。那个晚上我独自工作到很晚，纳纳奈德将一件他不穿的旧袍子送给了我，让我在兜售蛋糕时不至于那么寒酸，史娃丝蒂帮我把袍子修补和清洗好了。

"第二天下午，我用盘子端着我做好的蜂蜜蛋糕到街市上叫卖。最初并没有人购买，这使我感到沮丧，但我仍然耐心地叫卖着。接近傍晚，因为饥饿，开始有人买蛋糕了。这天，我做的蛋糕被销售一空。

"纳纳奈德看蛋糕卖得非常好，当天就将我应得的收入给我了。有了属于自己的钱我特别开心。梅吉多说得对，所有主人都喜欢努力工作的奴隶。那天晚上，我为自己的成功感到振奋，整夜都没入睡，盘算着一年以后自己能赚多少钱，需要多少钱才能赎回自由。

"每天我都到街上叫卖。十几天后，我发现自己已经有了固定的主顾，其中就有你的祖父阿拉德·古拉。他当时是个地毯商，主要的客户是家庭主妇。他常常骑着驴子售卖地毯，并且会带着一名黑奴进出各个城市。他几乎每天都会买我的蛋糕，两块自己吃，两块给黑奴吃，闲暇时间他还会留下来边吃蛋糕边与我聊天。有一天，在与你祖父聊天时，他的一句话深深地触动了我，我至今都无法忘记。他对我说：'小伙子，我非常喜欢这些蛋糕，但你的经营方式更加吸引我。这足以说明你有进取心，你的前途一定不可估量！'哈丹·古拉，你能够理解这句激励的话对当时的我有何等重要吗？那时，我仅是一个孤苦伶仃、被迫流落在大都会中的小奴隶而已。

　　"我努力地、竭尽全力地寻找着可以摆脱奴隶身份的办法……之后的几个月，我时时刻刻都在勉励自己，起早贪黑更加辛勤地劳作着，不断赚钱、存钱……那时，我的腰包里已经有了一些钱。这再次验证了梅吉多说的话，工作是我最要好的朋友。我非常高兴，史娃丝蒂却不太开心。她对我说：'主人由于过度悠闲，最近迷恋上了赌博。因此，我很担心。'

　　"有一天，我居然在街上遇见了梅吉多，这简直太令人振奋了。他一个人牵着三头驮运蔬菜的驴子在市场上。他说：'由于我工作得非常好，所以主人非常器重我。我现在已经当官了，你看，他已经放心让我做重要的工作——到市场卖蔬菜了，他还允许我与家人团聚。辛勤的工作已经将我从过去的困境中逐步解脱了出来。我坚信，努力工作会帮助我赎回自由身，而且还可以让我再度拥有自己的财富。'"

真正的强大不是对抗，而是允许一切发生

努力会给人带来好运

　　"时间过得很快，纳纳奈德每天都盼望我结束兜售蛋糕的工作，急切地等待分账，然后再去赌场，并敦促我拓展市场赚更多的钱。我也开始到城外向监督奴隶的监工们兜售蛋糕。事实上，我恨透了这个地方，但是我发现这些监工很慷慨。有一次，我惊讶地看到了萨巴多，他正在用篮子挑砖块。看见他窘境的那一刻，我难受到了极点。我拿了一块蛋糕给他，他直接将整个蛋糕塞进嘴里。望着他那极度贪婪的模样，没有等到他再次寻找我，我就转身躲开了。

　　"有一天，在与你祖父阿拉德交谈时他问我：'你为什么这么拼命工作？'我还记得他当时的口气，就像你问我一样。我将梅吉多对我说过的话讲给了他，包括我验证了工作真的是我们最要好的朋友这件事。当时，我非常自豪地拿出自己鼓鼓的钱包给你祖父看，并向他解释我准备用这些钱赎回自由。他追问道：'如果你真的赎回了自由，你最想做的是什么？'记得我当时的回答是：'我最想做生意。'此时，他悄悄地给我讲了一件我怎么都想不到的事。他对我说：'你应该不知道，事实上，我现在同样是奴隶，只是现在在与主人合伙做生意而已。'"

听萨鲁讲到这里，哈丹·古拉瞪大了眼睛，甚至开始抗议道："停！停！停下，我是绝对不允许任何人诽谤我祖父的,他怎么可能当过奴隶？"他的眼中充满了怒火。

萨鲁镇定而平静地继续说道："我很尊重他，也很敬佩他。他将自己从不幸的遭遇中解救了出来，并获得了很大成就，成了大马士革的杰出子民。你是他的孙子，难道不应该继承他的优秀品德吗？难道没有勇气面对这个事实吗？或者说你就是想活在错误的假设中吗？"哈丹直了直腰，极力压制着自己的情绪回应道："我祖父始终都是受人尊敬和爱戴的，他一生做了很多好事，包括在叙利亚饥荒时，他慷慨解囊，花许多钱从埃及购买粮食运到大马士革，救了很多人的命。但是你现在竟然说他是一个被人鄙夷的巴比伦奴隶？"

萨鲁·纳达回答："如果他一生都没有变化，一直在巴比伦做奴隶，那才遭人鄙夷。但不同的是，他努力了，而且成功了，成了大马士革的杰出人物，众神已经封印了他的不幸，并且将敬重还给了他。"

没等哈丹再次开口，萨鲁继续说道："他告诉我他曾经也是奴隶后，还向我讲了他赎回自由的经过。那时他通过努力，赚到了用于赎身的钱，但是，关于自由后做什么他一直都很困惑。他担心未来没有好的前景，因为他不想脱离主人的支持。

"我对他的犹豫和担心不以为然，却鼓励他：'你无须再依附于主人，要勇敢地享受自由人的生活！自由地行动，不断努力，不断追求成功！你应该给自己确定一个目标，然后通过努力实现这个目标。'他感到我在数落他的怯懦，但是他依然很开心，因为在我们的谈话中，他受到了启发。"

萨鲁接着说："有一天，我继续在城门口兜售蛋糕时发现了一件令人惊讶的事，很多人都聚拢在一起。我便向周围的人询问出了什么事，众人回答：'你真的没有听说吗？有个想逃跑的奴隶居然杀死了国王的卫兵，今天他将被处鞭笞死刑，国王也来了。'行刑台周围挤满了人，我不敢靠近，怕把我的蛋糕盘子打翻，但是我也想看个究竟。我很幸运地找到了一个非常合适的位置。我清晰地看到巴比伦国王尼布甲尼撒乘坐着金色战车威风而来。这种豪华的场面我从来没见过，华美的金缕衣，还有天鹅绒的装饰布料。

"尽管我可以清晰地听到奴隶受刑的惨叫声，却无法看到鞭笞的情景。我至今都难以置信，如此高贵的国王，怎么会忍心目睹这样的场景呢？然而尼布甲尼撒面对刑场，却谈笑风生地与周边的贵族们交流着。这让我看到了尼布甲尼撒的残暴，由此也理解了他为何如此不人道地迫使奴隶们为其建造城墙了。

"鞭刑结束后，行刑人把死者的尸体吊起来向奴隶示威。人们渐渐散去，我看见了这个奴隶胸膛上的两条蛇形刺青，我认出他是海盗！

"我再次遇见阿拉德·古拉的时候，他完全像变了一个人。他非常热情地与我打招呼：'快看！那个曾经与你相识的奴隶此刻已经是自由人了。你的话真有魔力，我不断努力，销售的货物数量越来越多，利润也不断增加。我的妻子非常高兴，她一直以来都是自由人，是我主人的侄女。她非常希望与我搬到陌生的城市去，因为在那里不会有人知道我曾经是奴隶，我们的子女也不会因此重蹈覆辙。工作已经是我最好的朋友与帮手，不断地激励我重拾自信，使生意越来越好。虽然我赚钱的方法微不足道，但是我很开心，我一定会加倍努力。'

"有一天晚上，史娃丝蒂非常焦急地跑来找我，她说：'主人有麻烦了，我特别替他担心。几个月前，他因为赌博输了很多钱。所以他没有更多的钱生活，更没有多余的钱偿还债务。那些债主与农夫非常生气，已经开始恐吓他了。'

"我想都没有想就说：'我们无须为他的愚昧行径担心，我们不是看管他的人。'

"史娃丝蒂咒骂道：'你真是个蒙昧、愚蠢的人，你不明白你的主人会拿你去质押赌债吗？依照法律，你同样是主人的个人财产，他有权卖掉你。我现在真的不知道怎么办才好，他是个好主人，可是为什么会碰上这样的麻烦？'

"史娃丝蒂的担忧非常有道理。次日，我正在烘焙面包，一个债主带了一个名叫萨希的人来了。此人上下打量我后说：'可以成交。'

"债主甚至没等我的主人回来，就让萨希将我带走了。当时我身上仅有一件袍子，腰间还有自己的积蓄，我还没来得及处理炉子里的面包就被匆匆带走了。"

朴素是一种大美，是最恒久、最不易凋零的美

运气背后的秘密

"不幸再次降临，我苦苦经营的希望就这样破灭了，成为赌场、啤酒的受害者。

"萨希是个粗鲁而愚钝的人。当他带着我穿过巴比伦城时，我试图告诉他我是怎样一个忠心耿耿的奴隶，希望可以好好地为他工作。然而萨希的回答并没有一点儿鼓励的意思。他说：'我讨厌那样的工作。我的主人也不喜欢，因为国王给了任务，让我的主人派人去修筑一段运河，所以主人让我多买些奴隶，好早点儿完工。这个工程浩大，不知道什么时候才能完成呢。'不难想象，树木是无法在干旱的沙漠里生长的（仅有矮小的灌木能得以存活）。天气异常炎热，水袋中的水都变得滚烫，无法直接饮用。成排的奴隶要从天刚蒙蒙亮开始劳作到深夜，不断地、反复地进入深深的壕沟，将沉重的泥土挑到岸上。奴隶们吃着连猪食都不如的食物，这些食物在一个细长的敞开的器槽里装着，没有帐篷，没有稻草床。我的处境竟然如此不堪……我把钱埋在一个做了记号的地方，希望以后有机会再挖出来。

"初期，我非常努力地工作着，即使是高强度的苦役。连续几个月，整个人都接近崩溃了。不幸的是，我感染了热病，没有胃口，每天吃不了几口饭，夜晚无法入眠。在这个悲惨的境遇中，我想起了萨巴多说过的话，浑水摸鱼避免累死；也想到了海盗的遭遇，执意反抗然后死去，可想到他被鞭笞得血肉模糊的样子，我胆怯了。后来，我想起了最后一次与梅吉多见面的场景：他的双手虽然布满了老茧，他的心情却十分快乐，精神的脸上洋溢着幸福，显然，与浑水摸鱼和执意反抗相比，梅吉多的选择应该是最好的。

"与梅吉多一样，我也非常愿意工作，甚至比他还拼命！但我的辛勤劳作为什么无法为我带来幸福与成功？难道梅吉多有众神的特别眷顾吗？我一辈子是不是都要在这里无休止地劳作下去，永远等不到我的幸福与成功？越来越多的问题涌上我的心头。我迷茫，始终找不到答案，非常困惑苦恼。

"又过了几天，我的忍耐已近崩溃，但依然没有找到答案。此时萨希进来召唤我，说有一名信差在主人的托付下，要将我领回巴比伦。我匆忙将埋藏在地里的钱囊挖出，然后将破破烂烂的袍子穿好，忧心忡忡地跟随信差回到了他的主人家。

"我还在发烧，病一直没好，但是脑子里从未停止过对自己人生的思考。此刻的光景，我就像故乡的歌谣中所唱的：

厄运总像一场龙卷风，

如暴风雨般无情地将他卷走，

他的行踪无所不能及，

之后的结局更让人无法预料和逆转。

难道我的一生注定如此吗？未来还有哪些悲惨的遭遇和失望？

　　"当我与信差来到主人院子时十分惊讶，没想到，等待我的居然是阿拉德·古拉，他帮助我卸下行李，还像拥抱老朋友那样热烈地拥抱了我。

　　"我们一起向前走去。按照当时的规矩，奴隶要有礼貌，行走的位置应该在主人的后面。他却不允许我这么做。他甚至伸出手臂搂着我的肩膀对我说：'我找你已经很久了，都快不抱希望了。但我有幸碰到了史娃丝蒂，她告诉了我你主人的债主。于是我从你主人的债主那里得知了你的新主人，这个新主人分毫不让地让我支付了一笔不菲的赎金。但为了你，我花再多的钱也愿意。你知道吗？与你结识以来，你宝贵的人生哲理和你的进取心一直激励着我，我才取得了今天的成就。'

　　"我忙解释说：'那个人生哲理是梅吉多的，不是我的。'

　　"但他马上说：'即便如此，也是你跟梅吉多学的。那么，你们两人我都应该感谢。近些天，我们全家就要去大马士革，希望你可以成为我生意上的伙伴。忘了告诉你，过不了多久，你就会成为一个真正的自由人了。'他说着兴奋地从袍子中拿出刻有我姓名的一块泥板，这是我的奴隶身份泥板。他将这块泥板高高举过头顶，然后重重地摔到地上，又用脚踩踏着……瞬间，泥板化为尘土。

"顿时，我热泪盈眶。我感到，此刻的我是全巴比伦最幸运的人了。

"所以，勤奋就是这样，即使你身处凄惨境地，那也是暂时的。事实证明，工作是我最要好的朋友，我非常愿意带着积极的心态去工作，因为是它让我逃脱了修筑城墙做苦役的命运。最重要的是，我的勤奋让你的祖父对我产生了深刻的印象并解救了我，让我成了他的生意伙伴。"

此时，哈丹·古拉的眼睛亮了起来，追问道："难道勤奋同样是我祖父发家致富的秘诀不成？"

萨鲁·纳达神情肃然。他郑重地回答道："从我与他第一次见面，我就坚信，勤奋是他发家致富的唯一秘诀。你祖父是位勤劳的人，对工作非常勤奋，同时也享受工作。他的努力让众神眷顾，给予了他丰厚的回报。"

哈丹好像在思索着什么，说："我今天才意识到，是我祖父的勤奋精神影响着周围的人，吸引他们，让他们愿意与我祖父成为朋友，与他共同走向成功。他在大马士革的日子里，勤奋同样发挥着作用，为他赢得了荣誉与尊敬。总之，勤奋与他获得的一切存在着密切关联。我太惭愧了，我的思想简直有辱家门，我还片面地认为，工作只是奴隶们做的事情呢。"

萨鲁深有感触地说："人生确实很美好，有各种各样的乐趣，所有的享受方式都有其重要性。非常庆幸，工作并非只是为奴隶而设定的，不然，我人生最大的幸福岂不是就这样被剥夺了？我也有其他享受，但始终没有哪一种享受可以取代勤奋工作，它在我的心中至关重要。"

一路攀谈中，萨鲁·纳达与哈丹·古拉已不知不觉地来到了巴比伦城墙阴影的位置，他们继续向铜制城门走去。当他们走过城门的时候，卫兵忽然跳起来挺胸站立并向他们庄重地行了礼。萨鲁高抬着头，气宇轩昂，率领商队穿门而过，阔步于市街之上。

哈丹·古拉悄悄告诉萨鲁："事实上，我一直都有一个愿望，希望可以成为我祖父那样的人。原来，我非常不懂事，压根不知道他到底是怎样的人。今天与你的谈话很有意义，是你告诉了我关于我祖父的一切。我也从中明白了很多道理，让我更加敬重我的祖父，也坚定了我要成为他的决心。非常感谢你告诉了我关于祖父成功的秘诀，这个故事会让我受益终身，这个恩情今生我都无法报答。从现在开始，我要行动起来，记住这个秘诀并将其高效地运用起来，像我祖父那样将勤奋落于实处。这是比珠宝、锦衣华服都珍贵的财富，当然也更符合我的身份。"

哈丹·古拉一边说，一边将身上的华丽首饰摘了下来，然后掉转马头，向后微退了一步，以无比崇敬的心情走在了这个历经沧桑且又令人敬佩的商队领袖萨鲁·纳达的后面。

之后的事大家不难推断，曾经懵懂的少年，悟出了成功的真谛与致富秘诀后，开始了自己非同凡响的人生拼搏。后来，他终于没有辜负自己的祖父，除了传承了祖父及萨鲁·纳达勤奋努力的品质外，更获得了与他们比肩的财富与运气。

希望你健康快乐，心里永远住着小太阳

第三条忠告：因果就是勤劳致富

勤劳可以为所有人带来好运，因为主人们都不愿让勤劳的奴隶死去，他们喜欢勤快而努力的奴隶，并会善待他们。

无论你是谁，是什么身份，请你尝试与勤劳工作的人交朋友！假设幸运与你结伴同行，不但可以让厄运、困难远离你，甚至还可以保你平安。

在工作中越是积极上进，你就越容易赚到更多的钱，越容易拥有财富。除此之外，众神也会被你感动故而眷顾你，给予你更多的恩赐。厄运更会远离你，它会去找那些厌恶工作、对工作漠视的人，苦难也会始终纠缠他们。

这个秘诀对所有人来说都是简单、有效、易行的，只要有信心，所有人都可以将自己从苦难之中解救出来，成就自己精彩的人生。

所以，要用心传承和体会勤劳工作的精神品质。你最终会拥有富有且荣耀的一生，更能成为令人敬重的人。

世界是你自己的，与他人无关

第四章　让你的钱长大

最宝贵的教训

　　罗丹在巴比伦小有名气，是那里极为出色的矛头制造工匠。此时他的心情不错，开心地走在国王宫殿外的马路上。因为此刻在他的大皮箱中，有足足50块黄金。对，你没有听错，50块！这是他从未有过的财富。他按捺不住兴奋，似乎要跳起来。在他抬头挺胸、气势高昂前行的过程中，每走一步，皮箱里的金子都会因为碰撞而发出叮叮当当的响声，在罗丹看来，这是世界上最美妙的音乐。

　　50块黄金！完全属于自己！他到现在都不敢相信这是真的，甚至还在怀疑自己为什么会如此幸运。这些金子代表着什么，又蕴藏了哪些力量呢？至少，它们代表了财富，可以让罗丹拥有所有他喜爱的东西，例如豪宅、土地、牲畜等——只要是他想到并喜欢的东西，他都可以买到。那么他计划如何使用这些黄金呢？晚上，转身路过他姐姐家所在的街角时，他的脑海里都是这些明晃晃的金子，好像世界上只有这些金子而没有其他东西似的。然而没过几天，黄昏时候，罗丹却怎么也开心不起来了。此刻他的心情非常沉重，满脸困惑地进入了马松的钱庄。马松是专门从事黄金借贷及珠宝、丝织品买卖的生意人。罗丹根本没有心情看店内的货品，穿过待客处一直向里走去。他一眼就看到优雅的马松此时正舒舒服服地斜倚在毯子上休息，满意地享受着奴隶刚刚送上来的食物。

罗丹微微张开两脚，皮外套半敞着，露着浓密的胸毛。他一头雾水，非常困惑地来到马松面前，吞吞吐吐地说："我，我非常想向你请教一件事，因为我现在很困惑，不知道该怎么做才好。"马松消瘦、泛黄的脸上露出友善的笑意。他与罗丹打了招呼，亲切地问道："你不会是做了什么让自己后悔的事吧？为什么找到钱庄来了？难不成你最近运气不好，赌桌掏空了你的钱袋？要不就是哪位美妙女子迷了你的心智？我们已经是老相识了，你可从来都没有寻求过我的帮助呀。"

"不！不！不是这样的。我并非向你借钱，我是恳请你给我一些明智的忠告。"

"啊？你怎么讲出这样的话？世上哪有人会找借黄金的人寻求忠告？是我的耳朵有毛病听错了，还是你的头脑不清楚说错了？"

"没有！我是真心的。"罗丹再次肯定地说。

"这不会是真的吧？你到我这里真的是为了寻求忠告？你该不会在要什么花招吧。来借金子的人都是因为自己做了荒唐事，像你这样要寻什么忠告的还是第一个。言归正传，世界上哪儿有比借黄金的钱庄老板更有资格给人以理财的忠告呢？"马松接着说道，"这样吧罗丹，我们共同进餐，今天你是我的客人。"他开始召唤奴隶："安多！快给这位打算在我这里寻求忠告的朋友加条毯子，他今晚是我的贵宾。给他一些美食，用最大的杯子斟酒，让他喝个痛快。"

马松说："现在你可以说说你的事了，告诉我，你到底遇到了什么困难，让你如此困扰？"

罗丹回答说："事情是这样的，国王赠送给我贵重的礼物，这些礼物就是我的困扰。"

"国王的礼物？难道国王真的给你礼物了？到底是怎样的礼物把你愁成这样？还特地到我这里来讨教。"

罗丹说："我为皇家卫队设计了新的矛头，国王因此大喜，特意给我赏赐了50块黄金，但是我也因为这份礼物而非常苦恼。"罗丹稍微停顿了一下继续说："白天人多的时候，每时每刻都会有人恳求我与他们分享国王赏赐的黄金。"

马松回应道："一定会这样呀，人人都希望拥有黄金，而且他们特别希望可以从已经有黄金的人手中成功地借到黄金。问题是你不会说'不'吗？不会拒绝吗？"

"我当然会说'不'，我已经拒绝了很多人，但很多时候，点头会比摇头更容易做到。一个人真的会不愿意或是不可以与自己的亲姐姐分享黄金吗？"

"那是当然。同时，我想说的是，你姐姐也并不希望剥夺你独享报偿的快乐吧。"

"问题是，姐姐开口跟我要黄金不是为了她自己，而是为了她的丈夫阿拉曼，她希望阿拉曼可以成为富有的商人。她觉得阿拉曼长期以来没有机会，所以她恳求我，希望我可以将黄金借给他，让他有机会成为富翁，还说到时候他可以给我利息。"

马松沉思片刻说："我亲爱的朋友，你所提到的问题确实需要好好思量。拥有了黄金的确可以带给人更多、更大的责任，而且还能改变一个人的身份与地位。但是，有的时候拥有黄金的人也会害怕失去黄金，或者害怕被他人骗走。黄金可以让自己获得无穷的力量，可以完成和实现很多美好的事，不过黄金在带来大量机遇的同时，更会让人的内心软弱并因此受到困扰。

"不知道你是否听过一个说法。尼尼微曾有一个农夫，他听得懂动物的语言。我是没见过有这种能力的人，毕竟这个故事并非金匠作坊里的人喜欢讨论的。可是今日给你讲这个故事，是希望你可以明白其中的道理。金钱借入或借出的事绝不仅仅是将黄金转移了那么简单，并不是简单地从一个人的手中转交到另一个人手中。

"这个可以听懂动物语言的农夫，每天都会到农场偷听动物们之间的谈话。有一次，他听到了公牛与驴子的谈话。公牛感叹自己的悲惨命运：'驴子，我们是最要好的朋友，可是我每天都要辛苦地拉犁耕田，即使天气再热，即使我的腿再累，即使我颈上的牛轭再怎么让我的脖子不舒服，我都得辛苦地劳作。而你，却悠闲自在，你每天披挂着彩色的毯子，几乎不干重活，载着主人到处走走就行了。如果主人不外出，你还可以好好休息，舒舒服服地享用甘甜的青草。'

"这头驴子虽然并不完全赞同公牛的说法，但它还是非常同情公牛的境遇，因为公牛已经将它视为最要好的朋友。所以，它回答道："我的朋友，你的工作的确很辛苦，我也非常愿意帮你分忧。现在我教你一个偷得一日闲的办法：明天早晨，如果主人的奴隶打算牵你出去拉犁，你就直接躺倒在地上，并不停地吼叫，这样他就会认为你生病了，让你好好休息。'公牛觉得驴子的建议不错。次日，奴隶便向主人汇报说那头公牛好像生病了，没法拉犁了。主人说："牵驴子拉犁吧，因为无论怎样，犁田的工作是无法停下来的。'这时，一心为了帮助朋友的驴子发现，自己一整天都要替公牛完成它的工作，加上驴子根本就不会犁田。天黑时，驴子身上的犁才被卸下。它心中非常凄苦，四条腿已经累得不听使唤了，而且脖子也酸胀得不堪忍受，出现了明显的伤痕。

"农夫觉得很有意思。到了晚上，他再次去农场里听动物们说话。仍然是公牛先开口，它说："驴子，你果真是我的好朋友。因为你的聪明，我得到了一整天的休息，而且美美地吃了一天的青草。'驴子很气愤，大声嚷道："我呢？为了帮助你，自己不得不深陷泥潭。从今往后，你的工作你自己做，地你自己犁吧，因为我已经听到主人跟奴隶说，如果你的病再不好，就直接将你卖给屠夫处理掉。我希望你被卖掉，因为你真的是一头很懒惰的牛。'

"自此以后，这两个动物谁都不再理谁了，因此而断绝了一切交往。罗丹，你听懂这个故事中蕴含的教训了吗？"

罗丹马上回答："这确实是非常好听的故事，但是，我没悟出其中蕴含的教训。"

"事实上，我已经猜到你听不出来，因为确实很少有人能听明白里边的道理。这个故事中的教训是非常值得我们认真学习的，这个教训很简单，那就是：当朋友需要你帮助的时候，你可以去帮助他，但是这并不意味着你要为你的朋友承担本应由他自己承担的责任。"

"我真的没想到这一点，这真是个极有智慧的教训。我确实不希望因为帮助姐姐而由此将姐夫的重担完全压在我身上。但是，请你告诉我，你将钱借给了那么多人，这些人会按时偿还吗？"

马松对这个问题显得非常老到。他先是笑了笑，然后说："你说的也是个难题，要是借黄金的人无法偿还，如何是好呢？出借黄金的人一定要聪明，要具有敏锐的洞察力和判断力，正确地判断哪些金子借出去能收得回来，哪些金子借出去收不回来。事实上也确实存在这样的情况，有些借债人是不太会明智地使用金子的，最后也因无法获得财富而导致债主的借款无法如期收回。这样吧，我带你看看我的库房，看看那里都储存了什么，让它们来告诉你关于它们的故事吧。"

风有风的来意，我有我的秘密

安全系数较高的借贷

　　马松从库房取出了一个箱子。这个箱子不大，上面包裹着红色的猪皮，箱子每个边都有闪着亮光的铜片。他小心翼翼地将箱子放在地上，然后俯下身子，两手搭在盖子上说："所有向我借贷黄金的人都必须留下抵押或可以用于担保的东西。这些东西都在箱子中，待他们偿还了所借的黄金，我就会如数将抵押品还给他们。当然，如果他们没有偿还债务的能力，这些抵押品就会提醒我，哪些人的借款信用是不好的。

　　"箱子中的很多抵押品可以说也是我经验的见证，它们会时刻警醒我，最安全的借贷无非是借给那些自身有财富、同时财富价值可以超过所借款项的人。比如，他们可以将土地和珠宝及骆驼作为抵押物等，这些东西变卖后足以偿还他们的债务。他们抵押的东西大多数价值都超过了他们所借的钱款。也有人承诺，如果无法还清债务，可以将房产抵给我。诸如此类的借款人，我当然要确保我出借的黄金要连本带利地收回来。换句话说，借给的钱是用他们的财产价值来估算的。

　　"除此之外，还有一种人也可以在我这里借贷黄金，那就是具备赚钱技能的人。例如你，完全可以凭借劳力、技艺、服务等方式换取报酬。简单地说，他们拥有稳定的收入，此外，还诚信老实，并且没有遭遇什么不测，我会综合判断他们是否有能力偿还借贷的款项及同我议定好的利息。这类借贷是按他们的能力进行估算的。

　　"当然，还有一部分人，他们没有财产，也没有固定收入，他们的生活也非常贫困，有些人还不适应艰苦的环境。唉！这一类人多数是没有一分钱存款的。即便如此，我还是会借一些黄金给他们。因为这些人真的可以信赖，或者有可以信得过的朋友愿意为他们担保，否则，我的抵押品箱一定会责怪我的。"

　　说着，马松居然开启箱盖上的铜扣，打开了箱子。罗丹非常好奇里边的东西，他甚至歪着身子探头望去。箱子的最顶层，有一串用大红色布块衬底的珠宝项链。马松将项链拿起来，边抚摸边伤感地说："这条项链会永远待在我的抵押品箱里了，因为它的主人已经不在了。我非常珍惜他的抵押品，因为他是我一位非常要好的朋友。我们也一起做过生意，而且收获颇多。后来，他娶了一位美丽迷人的女子。这个美人虽然美丽，但与我们这里的女子截然不同，我的朋友因她的美貌非常爱她，不惜挥金如土，只为博得她的一片芳心。但是，当他把所有的黄金耗尽后，便开始懊丧地跑来向我求助。开始我劝导他，愿意竭尽全力帮助他，协助他东山再起。他也借伟大的神灵之名向我发誓决定从头再来。但是结果完全出乎意料，在他与妻子的激烈争吵中，他彻底惹怒了他的妻子，这个女人竟然疯狂地用刀刺穿了他的心脏。"

此刻，罗丹非常紧张，心都快跳出来了，急切地问道："最后她怎样了？"马松沉默了片刻，小心翼翼地拿起红布低声说："当然，这块红布就是她的。她因为无法弥补自己的过失，后来在幼发拉底河自尽了。他们所借的那两笔贷款自然也就永远不会有人偿还了。所以罗丹，这件抵押品给了我们血的教训，它很清楚地告诉我，给那些深陷苦闷深渊中的人借钱是毫无安全感的。"

马松又拿起了用牛骨雕刻的牛铃说："你看！这件抵押品就不一样了，它是一位农夫的。我经常在农夫妻子那儿购买毯子，后来他们的农作物遭了蝗灾，结果没有了食物。我决定帮助他，希望他灾后有新的收成还清债务。后来他又来找我了，跟我讲了一个旅客告诉他远地山羊的事。据说那些远地山羊的质量非常好，毛质又好又软，可以织出更优质的地毯，那将是全巴比伦最美丽、最高贵的地毯。所以他希望我可以再借给他一些黄金，帮助他将那群山羊买回来。现在他已经开始牧养那群山羊了，一年以后，我就可以让许多巴比伦的贵族们见识到他们只有凭运气才能买得到的最昂贵的上乘地毯。如果一切顺利，我很快就可以将这个牛铃还给农夫，农夫也一直保证，他会如数还清债务。"

罗丹再次追问："他能说到做到吗？这位农夫真有意思，居然能想到借款去赚钱？"

马松答道："这主要是因为他们借钱的目的是明确的，是为了让钱可以生钱，所以，从这个角度看，我觉得未尝不可。当然，如果他借钱的目的是满足奢侈而荒唐的不当开销，我自然不会借给他，甚至还会警告他。

这也是给你的忠告，一定要当心你借贷给他们的黄金有去无回。"

此时，罗丹已经被一只设计款式独特且镶有珍贵珠宝的黄金手镯吸引。他不由得拿起来边欣赏边询问道："请给我讲述一下它背后的故事吧，这只手镯真的太漂亮了！"

马松开始调侃起他来了："朋友，你的眼光很独特，同时我也发现你是个经受不住女人诱惑的人啊！"

罗丹毫不示弱，马上回怼道："哪里，哪里，我与你相比差得远呢。"

马松道："或许是吧。但是这次你对这只手镯的猜想不太准确，它并非来自有魅力的姑娘，也没有什么浪漫的故事。这只金手镯的主人是一位老太婆，而且还是个满脸皱纹的胖老太婆。她非常絮叨，表达能力还有问题，我都快被她逼疯了。她曾经非常富有，算是我这里信誉比较好的客户，但不幸的是家道中落了。她一心期盼自己的儿子可以成为富有的商人，因此，跑到我这儿来借黄金，让她儿子筹办沙漠商队。可万万没想到，与他儿子合伙的那些人都是混蛋，他们趁她儿子熟睡的时候居然拔营而去，将其丢弃在举目无亲的地方。这个年轻人身无分文，或许等到这个年轻人长大之后才能将债务偿还给我吧。但是，在他成长的过程中，我只能听到她母亲不停地唠叨和承诺：不会减少一丁点儿利息的。当然，我承认，她抵押在这里的东西比她所借的黄金要值钱得多。"

"这位妇人没有向你询问如何借贷吗？没有寻求宝贵的忠告吗？"

"没有。她所有的心思都在她儿子身上，希望他可以成为巴比伦最富有的人。只要你有不同的看法，她就会发怒。我因为说了几句真话就被她骂得狗血淋头。实际上，这些都在我的意料之中。她的儿子很年轻，未经世事，与人合伙做生意一定会出事，即便如此，她还是心甘情愿地为儿子作担保，我怎么能拒绝呢？"

马松把手一挥，指着一捆打了结的丝绳说："这个是骆驼商纳巴图放在我这里的抵押品。当他手中的现金周转不畅、不够支付骆驼群所需要的资金时，他就会将这个结绳作为抵押，我也会将他所需的资金借给他。他是个聪明人，同时也是个诚实守信的出色商人，我相信他的能力，更信任他的人品，所以会特别放心地将黄金借给他。我对很多巴比伦商人都非常有信心，主要是他们诚实，他们的抵押品经常在我这里几进几出。好商人是一座城市的珍贵资产，我会竭尽全力地帮助他们，这也算是在变相地为巴比伦的繁荣出力吧。"

马松拿起一个绿松石刻的甲虫，然后很不在乎地将其丢了回去，说："这个东西来自一个埃及臭虫。这个宝石的主人是一位埃及小伙子，他丝毫不在乎我能否收回他的欠款。我也尝试着催过几次债，但每次他都找各种理由推脱，说自己的运气差，还不了钱！这个抵押品来自他的父亲——一个拥有大规模田产的人，他保证会用自己的田产、畜群全力支持自己儿子的事业。这个年轻人初期的生意做得还算成功，但是他太急功近利，太想致富了，加上他年轻，缺乏社会阅历和经商经验，最终生意还是垮了。"

尊重所有声音，但只顺从自己的心

不要轻易尝试借钱

此刻，马松有些伤感。他沉默许久颇有感触地说："许多年轻人总是怀揣着雄心壮志，但又挖空心思地只想走捷径。他们太想获得财富，心中的欲望也太多了。为了能够快速致富，很多年轻人都在目的不明确时盘算着向他人借钱。但是，他们缺乏必备的经验，在目的不明确且不知道真正的致富方式时，反而背负了一身债务。这些债务是无底洞，是个充满痛苦和懊悔的巨大深渊，即使在白天也不会有光亮，无法让人感受阳光的灿烂与明媚，夜晚则会使人失眠痛苦。人跌倒后很难再爬起来。我并不反对年轻人借钱，也会鼓励他们去做点什么，甚至还会帮助他们。但是，真诚地讲，钱，是要在明智的基础上获取并支配的。我也是在早些时候依靠借贷才开始今天的黄金借贷生意的。"

马松继续说："当年轻人向你借钱时，放款就需要非常谨慎，要问清缘由。许多借钱的年轻人已经灰心失望，因为长期以来他们都一事无成，未来更不会竭尽全力来偿还自己的债务。这样，在讨债的过程中，就需要向他的父辈讨要债务或是收取他们的土地与牛羊，这样的结果是我不愿意看到的，也于心不忍。"

最终，罗丹勇敢地问了句："我非常认同你的故事，也觉得这些故事十分精彩，但是，你说的这些与解决我的问题有什么直接关系吗？我并没有从这些故事中找到具体的答案呀。我到底应不应该将这50块黄金借给我的姐姐和姐夫？我想说的是，这些黄金对我来说非常重要。"

"从你姐姐那儿讲，我相信她是一位非常值得信赖的淑女，我也非常敬重她。如果她为了她丈夫而借这50块黄金，那就必须要问清楚用途。"在对具体问题的回答中，马松显得非常有耐心且胸有成竹，"若是他做出的回答是，他非常想成为与我一样的商人，买卖珠宝和各种奢华的装饰品。我会继续追问他是否了解这个行业，有多少经验和专业知识，而且我还会问及具体问题。例如，是否清楚在什么地方可以买得到价格最低的货物，又在什么地方可以将这些货物卖出好的价格。如果你姐夫对这些问题都能回答得精准而肯定，我会考虑借黄金给他。"

罗丹很清楚："不，我姐夫从来都没有接触过这些，他没有相关的知识，更没有经商经验。早期他曾与我一起打造矛器，除此之外，他只在几家商店里工作过。"

"如果是这样，我会诚恳地告诫他，他借钱不够明智。作为商人，一定要精通生意的方方面面，包括很多生意上的细节及处理问题的方法等。他有一颗雄心固然很好，但是仅凭一腔热情做事，不切实际，我会拒绝他借黄金的要求的。但是，如果他回答：'是的，我也接触过很多商人，并给予过他们非常多的帮助。我非常清楚怎么去伊什麦那，怎样可以低价买进家庭主妇们的地毯。我还与巴比伦的很多富翁相识，计划将便宜买来的地毯以自己满意的价格转卖给他们。'如果回答是这样的，他的借钱目的就非常明智了，他的企图也很清晰并且很了不起。我会与他洽谈借款事宜，让他写下还清借款的保证，然后将50块黄金借给他。如果他的回答是'除了诚实、可靠、勤劳和有较佳的信誉外，我没有其他任何东西可以担保，但保证会将利息一分不少地支付给你'。那么我的回答会是'否'！要知道，我也非常珍爱我的每一块黄金。假设你在前往伊什麦那或是什么地方的途中遇到了强盗，将你的黄金、地毯等货物洗劫一空，那么，你又拿什么来偿还债务呢？这样一来，我的黄金不就白白损失了吗？而且损失还很大。"

马松狠狠地说："罗丹，你看，黄金就是信贷业者的商品。如果仅是单纯地将黄金借出去，无疑是非常容易的事情。但是，如果出借缺乏理性，会导致你的黄金回不来。从这个层面讲，所有聪明的债主都不会拿自己的金子让别人冒险，除非借方有足够价值的物品作为清偿债务的抵押物。"

马松停顿了一下继续说道："一个人如果能够帮助一个深陷窘境的人，这样非常好；如果对这些人在创业方面给予大力支持，帮助他们的事业不断发展，最后赢得财富，那样更好。因此，向他人伸出援手需要建立在智慧的基础上，谁都不愿意成为农场中的那头驴子，热心帮助他人后，却将他人的重担背负于自己身上。

"罗丹，我还是会在回答你问题时拐弯抹角，但是你必须用心倾听，自己从中找到答案。好好坚守你那50块黄金吧，那是你凭借自己的精湛技艺赚取的，是你的酬劳，它不属于任何人，只属于你自己，周围的人都没有资格与你分享，除非你自己愿意。如果你为了赚到更多的黄金而将这批黄金借出去，那么你需要谨慎再谨慎，而且最好不要都借给一个人，而是分借给多个人，这样可以分散放款的风险。从我的角度上讲，我不喜欢黄金闲置着，我希望金子可以生出更多的金子，但是，我更不喜欢冒太大的风险。"

马松稍停了停继续问道："你从事矛匠生意多少年了？"

"三年。"

"除了国王赠予你的那些黄金外，这些年存了多少？"

"三块。"

"你的工作那么辛苦，而且省吃俭用，一年只能存下一块黄金？"

"您说得太对了。"

"如果是这样，国王的礼物——那 50 块黄金需要你辛勤劳作 50 年，再加上省吃俭用才能拥有吧？"

"恐怕需要辛勤地劳作一辈子，而且要省吃俭用才行。"

"再看看你亲爱的姐姐，她居然如此糊涂，自己的丈夫要做毫无把握的冒险，却将你做 50 年苦工才可能赚得的黄金用于尝试，这样做太愚蠢了，你怎么看呢？"

"确实如此，可我真的不知道该如何像你一样决绝，对姐姐说出这样艰难的决定。"

"你直接告诉她，让她知道，这三年时间，你除了斋戒日之外，每天都在辛苦做工，丝毫不敢懈怠，除此之外，还要省吃俭用，根本没有富余的钱去购买其他东西。这样辛苦而节俭地坚持三年才能获得三块金子，也就是说，一年也只能存下一块黄金。然后，你真诚地告诉她，她是你亲爱的姐姐，你同样希望姐夫可以通过经营生意让生活变得富裕。拿我做比喻，让她知道，如果她的丈夫可以像马松那样，对生意有敏锐的洞察力而且经验丰富，那么，自己非常愿意将黄金借给他一年时间甚至更长，帮助他证明自己，让他获得成功。让你的姐姐将这些话告诉你的姐夫，给他鼓励。如果有一天，他的计划失败了，欠了巨额债务，你也要相信他将来总有一天可以还清的。"

莫怪大雨滂沱，人生本就曲折

金钱升值的秘诀

马松没有停下来，继续说道："我经营的生意是黄金借贷，所以我获取的利润早已超过了经营生意所需的数额。我非常愿意用那些多余的资金帮助需要帮助的人，同时让自己的黄金生出更多的黄金。但是，这并不意味着我愿意用我闲置的黄金去冒险，用我的财富去赌博。因为我的财富也是通过艰辛的劳作和省吃俭用积攒起来的。所以，只要是让我觉得没有信心的事，无法确定借出去的黄金能够收回的时候，我是不可能随便地将自己的黄金随意外借的。当我判断试图向我借黄金的人不具备尽快还款的能力，我绝对不会把黄金借给他。

"罗丹，我已经向你讲了所有与抵押品箱子有关的秘密。在这些故事中，你可以清晰地看到人性的弱点与误区。很多人非常渴望别人能给予自己金钱上的帮助，但是他们并不具备偿还债务的能力。通过这些，你可以做出判断，他们是否是精明强干的人，是否有能力获得黄金。当这些人没有相关的经营经验和头脑，更缺乏责任心的时候，那么他们所谓的致富只能是虚幻的泡影。

"罗丹，你无疑是幸运的，因为你从国王那里获得了50块黄金的礼物，对你来说，这相当于你50年的收入，所以，你更应该认真地思考如何去使用，如何让这些黄金生出更多的黄金。假如你像我这样，希望成为一名成功的黄金借贷商人，你就需要有安全的借贷法则，可以对这些黄金进行有效管理。那么，这些黄金就完全可以给你带来更可观的利润，让你成为富有的人，过上富裕的生活。相反，如果你不懂得如何管理黄金，它们就会悄悄离开你，这将会成为你一生的痛苦与噩梦，会让你懊恼一生的。

　　"看得出来，你心里已经有了自己对待黄金的想法。"此时马松话锋一转，直截了当地询问道，"你可以做到好好保管它们吗？"

　　"可以做到。"罗丹的表情凝重，非常认真地回答道。马松立即给予了肯定："你说得非常好。你已经知道如何保护自己的黄金了，那么再继续想想，这些黄金如果到了你姐夫那里，真的会安全吗，也会被保护得很好吗？"

　　"我觉得不一定安全，因为他不具备保管黄金的智慧，我是这样认为的。"罗丹如实地回答道。

　　"那你为什么要借给他？就因为你所谓的责任感吗，对家人的责任感吗？这是愚蠢的。如果你确定要帮助你的家人，你可以尝试其他方法，而不是拿自己来之不易的财产去赌。你一定要记住，黄金是会从愚笨之人的手中偷偷逃走的，它们也想找到可以保护它们的人。与其让他人将你的黄金白白损失掉，你怎么不自己好好地使用呢？"

　　马松继续问道："当你可以保障黄金的安全后，接下来打算怎么做呢？"

罗丹不假思索地回答道："我希望可以将它们作为本金，然后想办法赚到更多的黄金。"

"没错，从你的话中，我完全可以听出你是个充满智慧的人。这些黄金的用途本来就是为了赚钱，完成自己的财富积累。与你年龄相仿的年轻人如果可以审慎、明智地利用黄金，将其借出去，完全可以赚取更多的金钱，甚至在你完全衰老之前，让你的黄金价值翻上一倍。如果你缺乏思考能力，盲目地外借，那遭受损失是必然的，你会在失去原有财富的同时失去赚更多钱的机会。

"所以，你一定要经得住诱惑。他们的计划通常具有随机性，他们并不知道自己只是看到了事物的表面而没有透彻地理解事物的本质。他们认为的赚钱机会只是虚幻的、自己幻想出来的。很多计划甚至可以说是白日梦，因为他们没有知识与经验，不具备可靠的经商技能。因此，当你期待赚钱、拥有更多财富并畅想享受人生的时候，一定要持谨慎稳健的态度。特别是感觉有暴利可图的时候，不要草率地将黄金借出去，这简直等同于开门揖盗，是在葬送自己的财富。

"多与那些具备成功理财经验的富商相伴，与他们交流，相互学习，认真学习他们的智慧与经验，学会使用黄金并想方设法让黄金升值。只有这样，你在积累经验的同时，才能让自己的黄金更安全，才能发挥它们最大的作用，赚到更多的黄金。真的希望你可以认真地考虑我的建议，我不希望看到你重蹈那些失败者的覆辙。"

无疑，马松给了罗丹许多有意义的忠告，让罗丹懂得了如何保管和运用自己的黄金积累财富。罗丹受益匪浅，十分激动，当他要感谢马松赐予自己宝贵的教导时，马松继续说："我给你个更好的建议。你应该好好利用国王赠予你礼物的机会，学习理财知识。如果你真的希望拥有这50块黄金，就必须要时刻保持清醒的头脑。当然，在此过程中会有很多热心人为你提供各种投资建议，但是，你自己要认真思考，好好把握可以发财的机会。你应该做的是：谨记我抵押品箱里的所有故事，在你允许哪怕一块黄金离开你之前，都要反复确认你出借的黄金是否可以安全地回来。不知道你是否还需要更多的忠告，如果需要，欢迎随时找我，我非常愿意帮助你，给你更多的忠告。今天，我们已经谈了很多，但在你离开这里之前，还需要认真读一下我镌刻在抵押品箱下面的格言。这句格言具有放贷的通用性，即永远谨慎一点，远胜过追悔莫及。"

时间过得很快，夜幕已降临，罗丹对马松愈发尊敬，向他道了晚安后，罗丹独自回了家。一路上，他不停地思考，从马松那儿学到的致富经验对于他来讲是非常重要的。马松的这些忠告可以让他有效地保护好这些金子，享用一生，忠告的珍贵性甚至已经远远超过了那50块黄金的价值。

让心中无事，让细水长流

第四条忠告：让金钱升值的秘诀

在帮助他人时一定要谨记一个原则：不能将他人的负担转嫁到自己身上，使自己的负担越来越重。如果那样，结果就是你无法帮助他人，还会永远失去你的金钱，甚至失去朋友。

对待借款人，要审视其拥有的财富。当其拥有的财富已经远大于他所需的借款，同时还拥有稳定的收入来源，再加上有抵押物品或是有人愿意为其担保时，才能考虑借款给他，因为这样的人都是自尊自重、值得信赖的。

而那些总是被苦闷情绪包围、麻烦不断、没有专业知识、缺乏经验与综合能力的人，通常会债台高筑，缺乏偿还能力。概括起来就是一句话，他们大多是放纵自己、不讲信用的人。

因此，对待自己的财富，要遵循以下两个原则：首先，作为财富的主人，要确保它们安全。其次，要懂得如何使用财富，让它们发挥作用，赚取更多的钱。假如你没有做到第二条的能力，那么你至少要做到第一条。

有一句格言非常重要，也是马松曾经说过的，也可以说是借贷的通用格言：永远谨慎一点，远胜过追悔莫及。

仔细地聆听，然后你就会知道

第五章　努力为财富筑起安全堡垒

历史文明与人类智慧的高光时刻

时间转瞬即逝。考德威尔教授与什鲁斯·伯里教授联合开展的工作已有半年之久。这段日子，他们始终忙碌着。挖掘使他们兴奋，他们不知疲倦地夜以继日地工作着，除了吃饭、睡觉外，不浪费一分钟。他们将所有的精力、时间都用于挖掘、译释与资料的整理，目的就是能够早日解开那些珍贵的泥板中的秘密。

他们对工作进展与获得的成果非常满意，许多结果已逐步证明考德威尔教授最初的直觉是对的。同时，财富故事的条理也更加清晰、更加富有逻辑性。远古巴比伦的富庶是有原因的，那就是巴比伦拥有可以实现富强、让人快速致富的秘诀与法则。同时，这些秘诀和法则还具有通用性，所以需要广泛传播，以供更多的人学习和使用。

前面已讲过，教授在译释和整理完泥板后，对泥板上记载的内容进行了说明并厘清了逻辑关系。说实话，两位投身于该工作的教授都觉得这一切是那么的难以想象，在历史的烟尘下居然掩埋了那么多的秘密，更何况是弥足珍贵的致富秘诀！

他们每天都在努力地译释着泥板上的文字的含意，也不停地被记录的内容所震撼。他们为巴比伦人的此种记录财富秘密的方式（泥板）而惊叹，正是他们用这样的方式才将宝贵的致富秘密留给了后人。最令人震惊的是，巴比伦人在5000多年前就已经认识并实践了众多的理财与致富法则，他们的做法令人震撼！尽管这些伟大的财富法则被历史的尘埃掩盖了那么多年，而且经历了漫长的岁月洗礼，但是，他们的价值并没有因为时间的流逝和社会的进步而贬值。相反，他们的价值焕发着无限生机，始终闪耀着璀璨夺目的迷人光辉！

　　当今的财富创造也好，理财技术也罢，已无法与当时同日而语。但是，蕴含于其中的复杂性始终是人类大脑和心灵的最大敌人。所以，我们必须承认，我们非常容易陷于令人眼花缭乱且信息泛滥成灾的繁杂环境中。如今，许多人都缺乏理智，非常容易出现自欺欺人的做法，甚至会忽视原本简朴、易懂、可行的道理与规律。所以，远古的商业环境与当今相比，显然更清晰、更纯粹，人们的心灵也更简单、更贴近自然。很多时候，简单的常识是非常有效的，同时也意味着真理和智慧的体现。

　　远古的众多法则是通过传统与文字记载完成的，延续性会持续到当今社会。这些东西得以重见天日，还要得益于历史学者、考古学者、语言学者的辛苦付出，他们结合古代实物的记录方式，再结合民族习惯的演变过程，对具体的内容展开了系统的分析与研究，将这些具有神奇力量的法则转换为易于当代人理解的文字，让更多的人认识了它们，感受到了它们，领略并学习到了其中的智慧。

不可否认的是，远古的一些记录连续性并不那么强，需要将它们连贯起来，这些工作需要各个领域的专家们才能完成，而且需要多领域的工作者通力合作，最后完成合理的图景的谱写。

　　考德威尔教授与什鲁斯·伯里教授是不同领域中的两个专家。他们通过长时间的配合，不仅让我们认识到了巴比伦王国的著名富翁，听到了他们的故事（例如达巴希尔、萨鲁·纳达、马松等），更让我们在这些动人的故事中看到了他们作为财富拥有者的智慧及忠告。他们勾勒出的巴比伦王国发展史震撼了许许多多的人，这一切对我们系统地学习理财的理念和财富故事有非常大的帮助。

　　巴比伦王国最初仅是幼发拉底河边的一个小城市，没有人知道它的存在，更没有人知道它叫什么。公元前2200年前后，发源于叙利亚草原的另一个民族——阿摩利人将这座小城成功占领。他们善于征战，长年在外南征北讨，最后创建了幅员辽阔且富饶强大的巴比伦王国，阿摩利人也就是我们所熟知的巴比伦人。人们觉得只有"巴比伦"这个词才可以将古代两河流域的文明予以完美概述。不难看出，当时巴比伦人民的富有、文明和国家发达的经济、辉煌都对外散发着独特的魅力。

　　结合泥板上的记载，巴比伦王国存续期间，其中最卓著的统治者是第六位国王汉谟拉比，他可谓是巴比伦帝国的创始人。他登上王位后，便开始了统一两河流域的壮举。汉谟拉比运用当时相对灵活的外交政策，先是与拉尔萨结盟，然后联手消灭了伊辛；接下来又与马里联手，拿下了拉尔萨；在成功吞并了拉尔萨后，他直接掉转枪口，迫使马里向自己俯首称臣。

除了北部的亚述区域，他基本上完成了两河流域的统一，巴比伦帝国也得以创建起来。

汉谟拉比在巴比伦帝国完成了君权神授的中央高度集权制，全国自上而下的各级官员都由他一人任命。除此之外，他还完成了规模庞大的帝国常备军的组建。用今天的话讲，就是他独揽军政大权。汉谟拉比的专制统治体现在很多方面，包括对经济领域的全权控制等。国家开始对地方征收各种赋税，并统一管理全国的水利系统。他主政时期，对水利工程非常重视，在基什与波斯湾之间完成了运河的开凿，在避免水患的同时，还拥有了大面积的肥沃良田。简言之，在汉谟拉比时期，豪华雄伟的皇家宫殿、巍峨壮观的祭神寺庙、横跨幼发拉底河的一座座大桥、跨海运输的一艘艘商船……都是巴比伦帝国辉煌兴盛的证明。所以，巴比伦城不仅仅是强大王国的首都，更应该将其称为该历史时期世上最富裕、最繁华的大都会。

随着时光的流逝，巴比伦这座盛极一时的古城也未能避免战争的灾难，其繁荣与威望逐渐衰退。波斯人占领了这里后，此地逐渐变得满目疮痍，人口越来越少，最后沦为废墟。

数千年过后，巴比伦有幸被考古学家发现。他们小心翼翼地拂去掩盖其上的尘埃后，这座历史名城再次出现在了人们的视野中，包括残破的古老街道与破烂不堪的神殿皇宫。站在废墟前放眼望去，想必只有在考古工作人员的无穷想象中才能勾勒出当时城市的繁荣景象。昔日富丽堂皇、冠盖云集的壮观只能通过考古研究者的口述呈现在人们的面前。但是，富庶丰产的农田、宏大开阔的都市、满载货品的商队却永远地消失在了人们的视野中。

如今，巴比伦的光辉时代已经落幕，它的历史及蕴含其中的智慧却始终对外散发着光芒，在世上永久流传。我们真的应该感谢当时懂得留下完整记录的人，除了记录的内容外，这种做法更是他们智慧的体现，是他们将这些财富流传给了后世，让我们这些现代人受益良多。在如此久远的古代，当时的纸张、印刷术等还未被发明，他们却懂得将文字刻在潮湿的泥板上，然后利用火烤的方式使其硬化，最后得以完好保存。这些泥板的体积大致相同，都在六英寸宽、八英寸长、一英寸厚之间。

巴比伦人利用这样的方式完成了当时历史文明、人类智慧的记录，这种方法与当今的书写等形式大致相同。这些泥板上记录的东西非常多，包括传奇故事、文学诗词、国王的命令、当地法律、土地财产权状、契约书等，甚至包括当时人们的一些来往书信。通过这些泥板，我们还了解到当时巴比伦人非常隐秘的私事。例如，其中的一块泥板属于乡村商店的主人，他在上面清楚地记录了商品的进出日期、顾客信息等，包括当时顾客的物品兑换信息等，其中有用母牛兑换七袋小麦的记录，三袋完成了交货，剩余四袋随用随取。

这些泥板在古城遗址下沉睡了千年，如今被完好地挖掘出来，它们的数量足以装满好几家图书馆。这些泥板扮演着忠诚的历史守护者的角色，它们用无声的语言向当今社会讲述着古老的传说及故事。巴比伦王国是珍贵的历史记载的古城，那里是古老文明、繁盛知识的发源地。

翻看古代人类的文明史，许多专家学者不得不承认，该历史时期，没有哪个城市和国家的繁荣程度可与巴比伦抗衡。只要提到巴比伦城，很多人直接将其与恢宏、繁荣、财富关联在了一起，所以英语中的巴比伦一词就是富庶、奢华、奢靡大都市的意思。

据史料记载，巴比伦城当时的黄金、珠宝数量多得惊人。对于这座如此富裕繁盛的城市来讲，当今社会的人们很可能会将其与其他富裕的东西联想到一起：巴比伦位于热带物产丰富的地带，周围都是富饶的森林、矿产等资源。事实上，它并不像人们想象的那样。最初的巴比伦位于幼发拉底河畔干涸的山谷间，那里几乎没有森林，更没有富裕的矿藏，就连建筑必需的石料都没有，而且降雨稀少，作物在那里难以存活。

不得不佩服巴比伦人的聪明，他们巧妙地运用了当地的两种自然资源：土壤与河水。很多工匠、苦力在这里辛苦劳作，用水坝将原本不好控制的河水进行分流，同时完成了整套排水系统的设计和实施。这不但造就了历史上首屈一指的伟大工程，更将巴比伦这块干涸的山谷平原变成了农业、畜牧业的天堂。巴比伦富裕了起来，它的丰饶和强盛让人惊叹。

巴比伦人创造了无数奇迹，一直向人们展示着人定胜天的事实。他们充分利用一切可以利用的资源，为众多人提供了发展机遇，也由此支撑起了无数富有人的信念。他们拥有非凡的智慧和辛勤的双手，他们坚信自己能够过上富裕的生活！

巴比伦的城市建造工艺并不逊色于现代城市。当时城内有很多街道与商店，市民可以在各个区域销售或兜售货品，而祭司们则在宏伟庄严的各类神殿供职。城内是皇宫禁地，据说皇宫的围墙甚至远远高于巴比伦城的城墙。

巴比伦人非常智慧，并拥有灵巧的双手。他们掌握了各种古老工艺，包括雕刻工艺、绘画工艺、编织工艺、金饰设计工艺，还会铸造金属武器和创新农业用具等，许多聪颖而灵巧的珠宝商用那些极富艺术气息的物品装饰着自己。有些物品还陈列在当今世界的各大博物馆中，其中很多都是从巴比伦富翁的墓穴中找到的。

当世上其他区域的人类尚处于用石头当斧子砍树，或是自制木棍捕猎的时候，巴比伦人的工具已经非常发达了，他们甚至拥有了金属材质的斧头，以及矛和箭。

巴比伦时期有很多睿智的生意人和资本家，这也是巴比伦可以长期富裕的重要原因之一。在那些繁荣的商业城市，可以找到比较吸引人的景观，当今社会中的众多商业形态，都可以追溯到巴比伦帝国时期。据可查资料显示，巴比伦是人类历史上最先使用货币的地方，他们很早就意识到并执行了以货币为媒介的交易方式。除此之外，巴比伦人还懂得订立借据、契约及设立土地产权制度。

也不用急于求成，听风来等雨停

坚不可破的防护墙

　　鉴于古时巴比伦的富有和昌盛，当代人提出了许多疑问：在那些诸多民族、城邦、部落混居的环境中，巴比伦人是如何保护自己和自己的财富的呢？城市又是如何持续繁荣的呢？他们采取了什么方法呢？当人们竭尽全力探寻这些答案时，巴比伦最著名的一项奇观随之进入了人们的视线，那就是巴比伦的城墙。

　　传说巴比伦帝国的缔造者是苏美尔女王瑟蜜拉米丝，该女王是巴比伦历史上第一个建造城墙的人。但经过考古学家们的不断探索，至今也没有找到与巴比伦原始城墙建造有关联的蛛丝马迹，所以，城墙的具体尺寸没有详细的记录。据早期的史料记载，建造这些城墙的材料是泥砖，估算尺寸是 50～60 英尺高，有明确记载的是城墙的外围有极深的护城河。

　　晚期城墙与早期城墙的建造相较更加著名。晚期城墙是公元前 600 年完成的，主持建造的是纳波帕拉撒王。重建城墙的工程十分浩大，但遗憾的是，这位纳波帕拉撒王生前并没看到这个浩大工程的竣工。城墙是他过世后，由他儿子尼布甲尼撒王接替完成的。尼布甲尼撒也由此成为巴比伦王国记录在册新的君王。

结合历史，我们对改建后的巴比伦城墙进行了描绘：高约 160 英尺，相当于现代 15 层办公楼的高度；长度约 9 ～ 11 英里；宽度可以同时容纳六驾马车并驾齐驱，可以让一辆四匹马拉的战车轻松地在上面掉转车头。城墙两端分别起始于幼发拉底河畔，每相隔一段距离建有一座城楼。河对岸是巴比伦新城，一座雄伟的大桥横跨幼发拉底河，直接将新城区与主城区连通了一起。所以，这座城墙除了可以用于巴比伦人抵御敌人的骚扰，还能避免巴比伦城受到水灾的威胁。除此之外，巴比伦城还有 100 座铜制的坚固城门，巴比伦城也因此出名，被希腊大诗人荷马称为"百门之都"。

这里的建筑十分巍峨，遗憾的是如今已不复存在，人们仅能看到残破的墙垣基座及护城河遗迹，加之长时间的风蚀雨浸和残酷战乱的破坏，已经面目全非。

巴比伦城墙下，战乱的痕迹随处可见，由此可见，当时企图征服巴比伦的民族都是战无不克的强者。不少国家的君王都曾率重兵攻打过巴比伦城，可都被巴比伦骁勇善战的军队击退，始终被阻挡在坚固的城墙之外。当时侵略巴比伦的外敌应该非常多，历史学家曾对其数量进行过估计：一次大规模的战役，应该会有 10000 名以上的骑兵、25000 辆以上的战车、12 万名以上的步兵投入。通过这些数字，就可以想象当时的战争规模有多么宏大，仅是供给作战用的物资就需要准备两三年，包括战马的选购、粮食的囤积、作战路线的设计等。

巴比伦城于公元前 540 年前后被敌军攻陷。即使那样，巴比伦的城墙并未受到大规模的损伤。关于巴比伦城沦亡的故事有这样的记载：当时一直不懈努力的波斯王塞鲁士大帝攻下巴比伦城后，长驱直入进了城。巴比伦国王纳波尼杜斯的幕僚及大臣曾劝他亲自率领士兵迎战塞鲁士，不要弃城。结果纳波尼杜斯王却在战斗中仓皇外逃，因此塞鲁士并没有费多大力气就攻陷了巴比伦城，并将城中的财宝扫荡一空。

通过这段描述可以看出，巴比伦城之所以坚不可摧，是城墙具备强有力的防护功能，在最后的危急时刻，假如纳波尼杜斯王可以继续坚守城池，那么历史可能不是现在这样。这个推断并非不负责任的猜测或臆想，泥板上记录的论述可以证明我们的推断。

生活不会因为忧伤而风情万种

城墙守卫战的胜利

　　老班札尔是一个骁勇善战的战士。今天他身着戎装，神情严峻，始终警觉地守卫在通往巴比伦城墙顶部的通道上。他非常清楚，一场不可避免的守卫战即将打响。在老班札尔站岗的位置，还有一群与他一样骁勇的战士，他们手持兵器，坚守在城墙周边，丝毫不敢懈怠。巴比伦城是一个非常富庶的城市，城中居住着成千上万的市民，所以，即将打响的战役会直接决定这个国家的安危。

　　城墙上，已经依稀见到压境的大军。敌人呼啸而来，叫喊声此起彼伏震动了大地。敌军的先头部队已提前来到城下，开始用他们的重器撞击城门，杀声震耳欲聋。

　　巴比伦城门后的大街上，一队士兵已排好阵列，准备与来犯之敌决一死战。巴比伦的主力军随国王远征东方埃兰人尚未归来，留下的兵力非常薄弱，亚述军队突然从北边乘虚而入。在主力军远征的情况下，巴比伦城遭受到如此大规模的攻击，无疑是巴比伦王国生死存亡的关键时刻。如果不能经受住考验，巴比伦帝国可能就会溃败亡国。

班札尔不停地环视着四周，周边还有一些惶恐不安的民众，他们表情凝重，希望可以打探到最新的战斗态势。身边不时有阵亡者被抬出，听着越来越近的厮杀声，所有人都充满了恐惧，整个城市被一种不祥的气氛笼罩着。

此时，战斗已进入白热化，敌军已经在城外围攻了三天。忽然，他们开始用所有兵力猛攻班札尔身后的这段城墙和城门，可以预料他们想要从这里找到突破口。

城墙顶上，所有士兵都在英勇抵御着爬向墙头的敌人。他们除了用弓箭射杀外，还用滚烫的热油阻挡从绳梯攀登上来的进攻者，或用枪矛狠狠刺向试图登上城顶的敌人。但是敌军人数太多了，他们不停地向城墙发动凌厉的攻势。

班札尔离交战区最近，可以在最短时间内看到整个战局的变化。一位神色慌乱的老商人挤到了他身旁，央求道："求求你，告诉我，告诉我吧！他们这次是不是会把我们的城堡攻下？我的儿子们与国王远征去了，现在家中无人可以保护我和年迈的妻子。如果在这次战役中敌军夺走我的财产，是不是也会抢走城内所有的粮食？我们已经年迈，无力保护自己，甚至没有资格做战俘，我们会不会被活活饿死？请你一定告诉我，我们的城堡能守住吗？"

班札尔安慰着老人："请你保持冷静，你是我们这座城堡里有威望的商人，你一定要坚信我们巴比伦的城墙是无坚不摧的！现在，请你尽快回到集市去，顺便转告你的妻子，我们会竭尽全力保护城堡，保护城堡中的每一个人，包括他们的财产，正如我们伟大的国王保护我们这个富饶的国家一样。请你不要再靠近城墙，避免受到外敌来箭的伤害。"

在班札尔的安慰下，老人的情绪平复了许多。接下来，一位抱着婴孩的中年妇女满脸惶恐，几乎前言不搭后语，大概的意思也是来询问战况的。原来她的丈夫得了重病，她需要拿起武器保护自己和孩子。她惶恐询问敌军大概什么时候会破城而入，到那时一定少不了残暴的烧杀掠夺吧。

"平复一下自己的情绪，我知道你是一个心肠非常好的母亲，我以士兵的名义向你保证，巴比伦城墙今天不会被攻陷，明天也不会，永远不会，除非我已经死去，不然我会竭尽全力地保护你和你的孩子的。"他回头看了看又高又坚固的城墙说，"请你相信我，相信我们的国王，相信我们国家的强大。你看看那些试图攻城的敌人，我们的人正在用滚烫的热油招呼着他们，他们是别想攻进城来的。"

"是的，我虽然能清晰地听到我军的呼喊，但同时也听到了敌军猛烈撞击城门的声音！这让我很害怕。""尊敬的女士，你还是听从我的劝告，赶快回到你丈夫和孩子的身边去，并将我对他们的问候带回去，把你看到的巴比伦城门和城墙的坚固性告诉他们。你要相信我们的城堡是攻不可破的，请你尽快离开这里，避免因为战乱受到伤害！"

此时的班札尔几乎已没有时间做自己的守城工作了。他只能竭尽全力地疏散民众，方便武装部队和后续的增援可以顺利抵达。这个时候，一名胆怯而惊慌的小女孩轻轻拽了一下班札尔的腰带。她惊恐地央求道："好心的叔叔，请告诉我真相，我们现在真的安全吗？那些厮杀声让我害怕，我还看到许多人在流血。我真的非常害怕，请你如实地告诉我，我们的家、我亲爱的妈妈、亲爱的弟弟，还有一个刚出生的小婴儿，他们会怎样呢？"

威武英勇的沙场老兵眼中泛起了亮光。他俯身看着小女孩，用坚定的眼神对她说："小朋友，我知道你现在很害怕，但是请相信我，你的害怕是多余的，请相信巴比伦坚固的城墙有能力保护你和你的妈妈及你的弟弟，还有那个出生不久的小婴儿。"

老班札尔夜以继日地守在自己的岗位，看着增援部队完成集结并来到城墙通道。他们个个都是勇士，如果保卫国家需要他们，他们宁可牺牲自己的生命。老班札尔身边依然挤满了惊慌失措的民众。他们都是来打探消息的，他们非常希望有一个权威人士告诉他们结果，说出他们一直期盼的话——这里绝对安全！但是现在这里只有班札尔，他一直在以一个老战士的身份向百姓们做着承诺。

三个星期过去了，敌军丝毫没有撤退的意思，相反，进攻越来越猛烈。班札尔也因此脸色凝重。他身后的街道已经血流成河，英勇的战士将自己的热血洒在这片热土上，但是此刻他丝毫没有办法，只能眼睁睁地看着他们流血、牺牲，直到血渍凝固。城外敌军的尸体每天都堆积如山，他们会在深夜将自己的同胞拖回去埋葬。

转眼，第五个星期就要结束了，这已经是这周的第五天。这天夜里，战事像往常一样继续着，但是敌军的进攻显然已经非常疲惫。次日，当拂晓的第一缕阳光再次照射在巴比伦城头时，敌人终于有了撤退的迹象，到处沙尘滚滚，没过多久，城外的平原渐渐恢复了平静。巴比伦的守军们开始欢呼，他们都感受到了这次胜利的来之不易。街头挤满了哭着、笑着的民众，已经好几个星期了，他们始终生活在恐惧中，夜晚不敢入睡。贝尔神殿塔顶开始燃放起耀眼夺目的焰火，那是庆祝胜利的烟火，蓝色的烟柱冉冉升起，整个巴比伦城洋溢在胜利的喜悦中。

巴比伦城墙是那么坚固，它再一次挡住了来犯的外敌，避免了残暴敌军攻城后奴役百姓、抢夺财宝事件的发生。巴比伦就这样一代一代地延续着，这与城墙坚固和士兵们英勇善战分不开，如果不是那样，富饶的巴比伦城早已不复存在了。

巴比伦城守卫战给人们留下了深刻印象，生动地诉说着所有人都极其需要和希望得到保护的愿望。这场战役成功地保护了人们的财产、生命及未来的安全。人们需要竭尽全力地为自己的人生和财富构建起牢不可破的钢铁城墙，并且一直坚守下去。这是人类与生俱来的天性，无论是古代还是现代，从未改变过。从金钱与财富的角度讲，它们并非没有生命，它们时刻受到他人的觊觎和盘算，当缺失了妥善看管、严加守卫它们的能力时，它们会悄无声息地溜走或被他人抢夺。所以，我们必须时刻保持警惕，以实现更周全、更有效的保护计划，让我们的金钱和财富可以始终留在身边，并在保持安全的同时不断增值。

时代在不断发展，所有人都需要通过有效的方法守护自己的财富。或许我们可以通过保险、储蓄、投资等方式，为财富筑起坚固的"城墙"以确保它的安全和增值。只有这样，才能在我们需要的时候有需可依，或在发生意外、偶遇灾难时让我们渡过难关。

生命是一场体验，尽兴就好

第五条忠告：修建人生的防护墙

　　无论一座城市还是一个王国，如果可以赢得财富与荣耀，那么就一定会有其中的奥秘和道理，这是值得所有人认真思考、深度探究和努力学习的，并有必要将它们充分运用于现实中。

　　这至少包括：具备高效运用一切资源的能力；坚信人定胜天的独特智慧；拥有强烈的进取心与非凡的创造力，在生活中逐渐完成财富的创造和积累；为自己的人生修建起稳固的城墙，避免受到外界的滋扰。因为拥有了坚固的城墙和英勇善战的战士，巴比伦城才获得了平安。所以，任何人都有必要为自己的财富筑起牢固的防护墙，守护好自己一生的平安。

　　要明白，随时都有人在觊觎和盘算你的财富，如果自己不具备妥善保管和防备的能力，你可能会永远地失去它们。无论是储蓄还是投资或采取更多的措施，实现对财富和生命的保护是人类与生俱来的天性。要将美好愿望变为现实，我们就必须努力，必须竭尽全力地为自己修建起牢不可破的人生防护墙。

睡前原谅一切，醒来就是重生